MANUEL

DE

TÉLÉGRAPHIE ÉLECTRIQUE

PARIS. — IMP. SIMON RAÇON ET COMP., RUE D'ERFURTH, 1.

MANUEL

DE

TÉLÉGRAPHIE ÉLECTRIQUE

PAR

L. BREGUET

HORLOGER

Membre du Bureau des Longitudes,
de la Société Philomathique, de la Société des Ingénieurs civils,
de la Société de Météorologie, etc., etc.

QUATRIÈME ÉDITION

REVUE, CORRIGÉE ET AUGMENTÉE

ORNÉE

DE 80 GRAVURES SUR BOIS PLACÉES DANS LE TEXTE
ET DE 4 PLANCHES GRAVÉES SUR ACIER

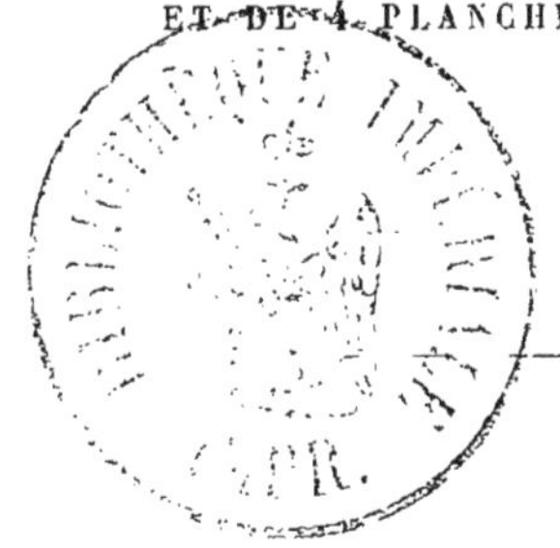

PARIS

LIBRAIRIE DE L. HACHETTE ET Cie

77, BOULEVARD SAINT-GERMAIN, 77

1862

PRÉFACE

Le bon accueil fait aux trois premières éditions de cet ouvrage nous a engagé à l'étendre notablement.

Nous l'avons divisé en quatre parties :

La première contient les notions de physique absolument nécessaires à l'étude de la Télégraphie électrique;

La seconde renferme la description détaillée des appareils télégraphiques les plus employés;

La troisième est consacrée à l'étude des lignes

télégraphiques proprement dites, aériennes, souterraines et sous-marines;

La quatrième, enfin, fait connaître différentes applications de l'électricité qui se rattachent directement à la Télégraphie électrique, comme l horlogerie électrique, et les sonneries d'appartement.

Toutes les figures insérées dans le texte sont nouvelles, et représentent les appareils sous leur dernière forme.

Quatre planches gravées sur acier et placées à la fin du volume présentent d'une manière parfaitement claire la disposition des fils et des appareils dans les postes télégraphiques des chemins de fer et de l'État.

PREMIÈRE PARTIE

INTRODUCTION THÉORIQUE

A

L'ÉTUDE DE LA TÉLÉGRAPHIE ÉLECTRIQUE

---

1. — L'électricité est un agent inconnu dans sa nature et connu seulement par les phénomènes qu'il produit. Ces phénomènes sont divisés par les physiciens en deux classes; dans les uns on admet que l'électricité est en repos; dans les autres, qu'elle est en mouvement; on l'appelle *statique* dans le premier cas, *dynamique* dans le second.

Nous ne parlerons que de l'électricité dynamique, qui a permis de faire fonctionner des instruments à grande distance, c'est-à-dire de réaliser la télégraphie électrique.

2. — Les principales découvertes qui ont mené à ce résultat sont celles :

1° De la pile, faite par Volta en 1800 ;

2° De la déviation de l'aiguille aimantée par l'action du courant électrique, par Œrsted en 1820 ;

3° De l'aimantation du fer doux par le courant, par Arago en 1823 ;

4° Du multiplicateur, par Schweigger.

1

DE LA PILE

3. — Lorsqu'on plonge dans l'eau acidulée deux plaques, l'une de cuivre, l'autre de zinc, par exemple, et

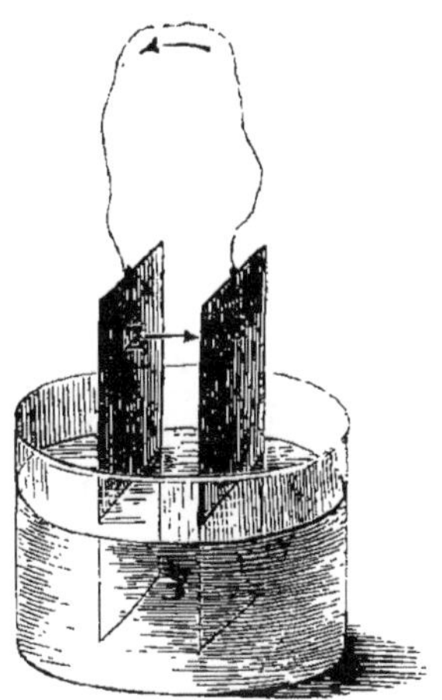

Fig. 1.

qu'on les réunit par un fil métallique, comme le montre la figure 1, il se produit dans ce fil un phénomène particulier et on dit qu'il est traversé par un *courant élec-trique*.

L'appareil composé du vase, du liquide et des deux lames métalliques est une *pile*, ou un *élément de pile*, ou encore un *couple*.

La forme particulière de la pile imaginée par Volta était très-différente de celle que nous venons d'indi-quer, et lui a fait donner le nom qu'elle porte. (*Voir* Gavarret, *Traité d'électricité*, t. 1, p. 292.)

Le fil qui réunit les deux plaques métalliques s'ap-pelle *conducteur*, il peut être d'une très-grande lon-gueur ; on nomme *électrodes* les plaques métalliques qui plongent dans le liquide et *rhéophores* les fils qu'on soude habituellement aux électrodes pour les réunir métalliquement aux extrémités du conducteur ; l'en-semble formé par la pile et le conducteur est le *circuit* du courant ; on dit que le circuit est *ouvert* quand, en un point quelconque, le conducteur est coupé, et dans ce cas le courant ne passe pas ; on *ferme* le circuit quand on met en contact les deux parties du conduc-teur qui étaient séparées, et le courant commence im-médiatement à passer.

On convient de dire que le courant marche dans le conducteur de la plaque de cuivre (ou *pôle cuivre* ou pôle positif de la pile) à la plaque de zinc (ou *pôle zinc* ou pôle négatif), et dans la pile, du pôle négatif au pôle positif. (*Voir* les flèches, fig. 1.)

On peut faire un très-grand nombre de piles différentes en changeant la nature du liquide et des plaques
qui y sont plongées; on fait aussi des piles à deux liquides, qui sont plus constantes que celles à un seul
liquide et qui sont aujourd'hui presque les seules en
usage; nous décrirons en détail les deux plus intéressantes, celle de Daniell et celle de Bunsen.

Pile Daniell.

4. — La figure 2 représente en coupe un élément
de pile Daniell. V est un vase de verre, Z un cylindre

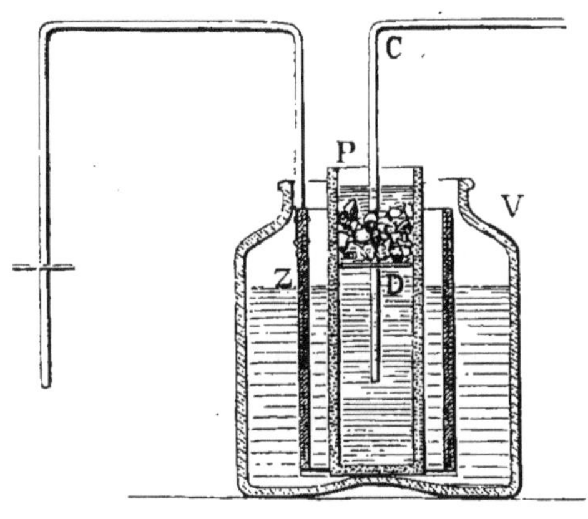

Fig. 2.

creux en zinc, P un vase en porcelaine poreuse, et C
une tige de cuivre à laquelle est soudé un diaphragme
D, également en cuivre.

On met de l'eau pure dans le vase de verre et dans le vase poreux; on place ensuite sur le diaphragme des cristaux de sulfate de cuivre en quantité plus que suffisante pour que l'eau soit saturée dans le vase poreux; les deux liquides de la pile, eau et dissolution de sulfate de cuivre, sont séparés par le vase poreux, quoiqu'il y ait contact entre eux dans les pores de ce vase.

Le niveau du liquide, dans le vase poreux, se maintient, par un effet d'endosmose, un peu plus élevé que dans le vase extérieur; il convient que, dans ce dernier, l'eau ne dépasse pas le bord supérieur du zinc.

Dans la pile Daniell proprement dite, au lieu d'eau pure dans le vase de verre, on mettait de l'eau acidulée à l'acide sulfurique; elle était ainsi à peine plus énergique. En 1848, j'ai supprimé l'acide, et j'ai ainsi non-seulement écarté les dangers que son maniement présente, mais encore diminué considérablement la consommation du zinc, et, par suite, les frais d'entretien de la pile. Ces avantages ont été appréciés : car la pile, ainsi modifiée, à laquelle on a bien voulu attacher mon nom, est employée partout.

Quand la pile fonctionne, c'est-à-dire quand son circuit est fermé, le sulfate de cuivre se décompose; il se fait du sulfate de zinc qui se dissout dans le vase extérieur, et du cuivre métallique d'une grande pureté et d'une belle couleur se dépose sur la tige C et le diaphragme D, en cristaux qui peuvent avoir jusqu'à deux millimètres de dimension; il s'en dépose aussi à la surface interne du vase poreux et dans les pores mêmes, qui finissent par s'obstruer. La dissolution de sulfate de cuivre étant d'autant plus lourde qu'elle est plus concentrée, il faut, pour la maintenir à saturation dans toute la hauteur du vase poreux, maintenir les cristaux à la partie supérieure, c'est à quoi sert le diaphragme D

Quand la pile ne fonctionne pas, c'est-à-dire quand son circuit est ouvert, le travail chimique s'y fait beaucoup moins, à la vérité, que quand le circuit est fermé, mais très-sensiblement encore; en effet, le sulfate de cuivre traverse peu à peu le vase poreux et, se trouvant au contact du zinc, se réduit; il se fait du sulfate de zinc qui se dissout et du cuivre qui se précipite, sous forme d'une poudre brun rougeâtre, sur la surface du zinc et au fond du vase de verre. Cette précipitation n'a lieu que pendant que le circuit est ouvert, pendant que le courant ne passe pas.

Montage de la pile.

5. — Les éléments sont réunis les uns aux autres par leurs pôles de noms contraires, pour former la pile, comme le montre la figure 5; le zinc de chaque élément est soudé à une tige de cuivre munie d'un diaphragme

qui forme le pôle cuivre de l'élément suivant ; au zinc
du dernier élément est soudée une courte bande de

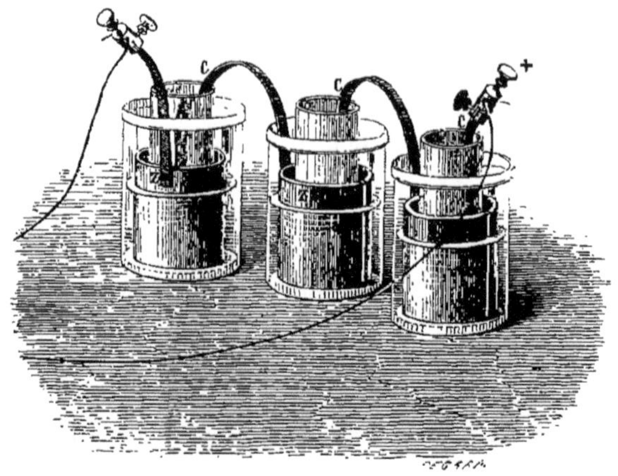

Fig. 3.

cuivre qui forme le pôle zinc ou négatif de la pile ; dans
le vase poreux du premier élément plonge une tige de
cuivre qui n'est soudée à aucun zinc et qui forme le
pôle cuivre ou positif de la pile.

Au moment où une pile vient d'être montée et chargée, elle n'a qu'une très-faible intensité ; pour la faire
croître rapidement, il faut fermer pendant un certain
temps la pile sur elle-même, c'est-à-dire mettre en contact le pôle cuivre et le pôle zinc extrêmes ou les réunir
par un conducteur métallique court. Il convient de prolonger cette opération pendant vingt-quatre heures ;
mais alors même qu'on ne peut pas la faire durer aussi

longtemps, il ne faut pas la négliger, ne dût-elle se faire que pendant une heure.

On préfère en général préparer à l'avance, dans un vase disposé à cet effet, une dissolution saturée de sulfate de cuivre qu'on introduit au moyen d'une seringue dans les vases poreux ; on ne met alors d'eau pure que dans les vases de verre ; souvent on supprime le diaphragme et les cristaux qu'il supporte.

Entretien de la pile.

6. — On ne saurait trop recommander d'apporter un grand soin à l'entretien de la pile.

Les éléments doivent être placés à quelques centimètres les uns des autres, sur des feuilles de verre ou des planches de bois à claire-voie, qui se tiennent facilement propres.

Il importe de les examiner chaque jour, d'ajouter de l'eau dans le vase de verre dès que le niveau baisse par suite de l'évaporation et des cristaux, ou de la dissolution du sulfate de cuivre, dès qu'on voit pâlir la couleur du liquide.

Très-peu après que la pile est montée, on voit se former dans le vase de verre des sels grimpants qui montent le long des parois du vase, finissent par atteindre le bord et retombent à l'intérieur ; ces cristaux sont

blancs et ne sont autre chose que du sulfate de zinc;
d'un autre côté, le long des parois du vase poreux, se
forment, à l'extérieur, des sels grimpants de sulfate de
zinc, et, à l'intérieur, de sulfate de cuivre; il est important d'enlever ces sels à mesure de leur formation,
parce qu'ils peuvent amener des communications ano-
males entre les éléments, et par suite une perte de courant; pour faciliter cet enlèvement, on a le soin de ver-
nisser la partie supérieure des vases de porcelaine qui
ne sont poreux que dans la partie plongée.

Une pile de ce genre convenablement soignée peut
fonctionner jusqu'à six mois sans être démontée, avec
des zincs de $1\frac{1}{2}$ $^m/_m$ d'épaisseur; il convient cependant
d'examiner de mois en mois les différentes pièces métalliques de la pile, car il arrive parfois qu'une ou plusieurs d'entre elles (cuivre ou zinc) se rongent rapidement au niveau du liquide; de plus, il faut changer les
vases poreux quand ils sont trop chargés de cuivre, ce
qui n'arrive guère avant six mois ou un an.

Il faut éviter de placer les piles dans un endroit où
elles seraient exposées à de grands froids, parce que,
si les liquides viennent à geler, la pile cesse de fonctionner et le courant est interrompu.

Pile à ballon.

7. — La figure 4 montre une disposition de la pile Daniell imaginée par M. Vérité, horloger de Beauvais, et qui dispense de tout soin d'entretien.

Fig. 4.

Le ballon B est rempli de cristaux de sulfate de cuivre et d'eau ; son goulot porte un bouchon traversé par un tube de verre qui plonge de quelques lignes dans le liquide du vase poreux; à mesure que le sulfate de cuivre dissous se consomme dans la pile, il est remplacé par celui du ballon et la dissolution est toujours maintenue à saturation.

L'élément étant fermé presque hermétiquement, il y a très-peu d'évaporation, et par conséquent pas de sels grimpants, de sorte que la pile se conserve parfaitement propre; d'ailleurs, quand le niveau du liquide baisse un peu dans le vase poreux et qu'il descend au-dessous de l'extrémité du tube du ballon, une bulle d'air y monte, et un volume correspondant du liquide du ballon descend dans le vase de porcelaine, de telle sorte que le niveau du liquide y est presque invariable.

Une pile de ce genre peut fonctionner comme pile télégraphique pendant un an ou dix-huit mois, sans qu'on ait besoin d'y toucher; si elle devait fonctionner constamment, si le circuit dans lequel elle est placée était constamment fermé, le sulfate de cuivre et le zinc seraient consommés bien avant ce temps, mais les piles des télégraphes ne font chaque jour qu'un travail effectif de très-peu de durée, et par conséquent l'usure des matériaux est peu considérable.

Il est important que les vases de verre soient d'une dimension un peu grande, pour éviter que le liquide se sature trop promptement de sulfate de zinc, parce qu'alors le sel de zinc qui tend constamment à se former, ne trouvant plus à se dissoudre, se dépose sur le

zinc ou le vase poreux et diminue l'intensité de la
pile.

Pile Bunsen.

8. — La figure 5 représente un élément ou un couple
de Bunsen. Dans un vase de verre ou de poterie ver-

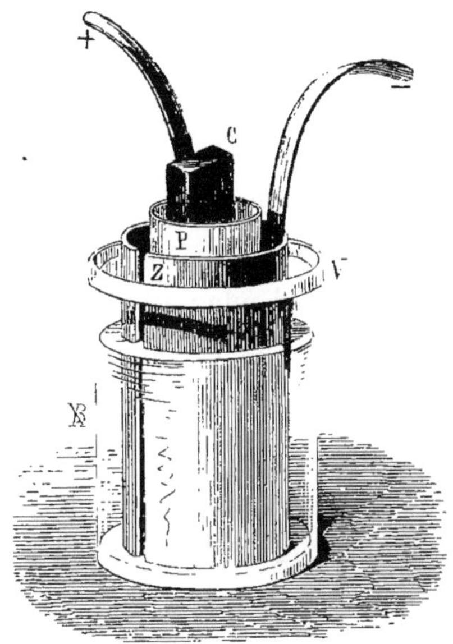

Fig. 5.

nissée V se place un cylindre Z de zinc amalgamé, de
même forme que celui de la pile de Daniell, au milieu
duquel est un vase poreux P contenant un morceau de

charbon de cornue C; les deux liquides séparés par le vase poreux sont ici : 1° de l'acide nitrique du commerce, placé dans la cellule intérieure avec le charbon; 2° de l'acide sulfurique étendu de dix fois au moins son volume d'eau, placé à l'extérieur du vase poreux avec le zinc.

De petites lames de cuivre, soudées l'une au zinc l'autre au charbon, sont les rhéophores de la pile, le premier négatif —, le second positif +.

Le charbon qu'on emploie pour la fabrication de ces piles est le résidu des cornues dans lesquelles on distille la houille pour la préparation du gaz, c'est le plus poreux qu'on puisse trouver.

La pile Bunsen est beaucoup plus énergique que celle de Daniell, mais elle est moins constante; elle conserve son intensité maximum d'autant plus longtemps qu'elle est de plus grande dimension et contient de plus grandes quantités des liquides actifs.

Voir, pour la théorie du couple Bunsen, Gavarret, *Traité d'Électricité*, t. I, p. 566 et suivantes; pour les avantages de l'amalgamation du zinc, même ouvrage, t. I, p. 555, et t. II, p. 449.

II

Actions chimiques.

9. — Le fond du vase V (fig. 6), contenant de l'eau
acidulée à l'acide sulfurique, est traversé par deux pe-

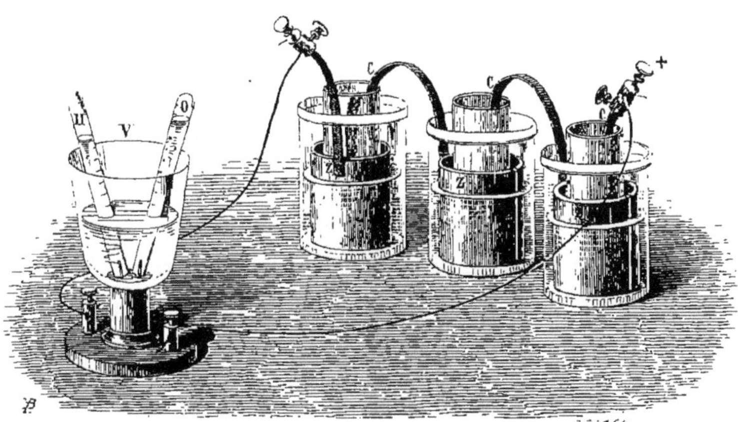

Fig. 6.

tits fils métalliques; si on les réunit aux pôles d'une

pile suffisamment énergique (de deux éléments Daniell au moins), on voit de petites bulles de gaz se former le long de ces fils, qu'on appelle *électrodes*, et se dégager en traversant le liquide; on peut recueillir ces gaz dans de petites cloches, et s'assurer que celui qui se produit autour de l'électrode (celui qui communique avec le pôle positif de la pile), est de l'oxygène O, tandis que celui de l'électrode négatif est de l'hydrogène H.

On appelle *voltamètre* le vase V qui sert à cette expérience, parce qu'il permet de mesurer très-exactement la quantité d'électricité qui passe dans le circuit par la quantité d'hydrogène dégagé.

La pile permet de décomposer ainsi un grand nombre de substances; on verra au n° 92 l'application faite par Bain de ce principe de décomposition au télégraphe électro-chimique.

Actions calorifiques.

10. — Quand on réunit les pôles d'une pile par un fil très-fin de fer ou de platine, sa température s'élève, et il peut même, si le courant est suffisamment intense, rougir et fondre. On a construit sur ce principe un appareil destiné sinon à mesurer l'intensité des courants, du moins à l'apprécier par comparaison.

On sait que la chaleur dilate inégalement les métaux, et qu'en soudant l'une à l'autre des bandes d'argent, d'or et de platine, on obtient une lame qui se plie dans un sens quand on l'échauffe, et dans l'autre quand on la refroidit.

L'instrument connu sous le nom de thermomètre métallique de Bréguet, fig. 7, est fondé sur ce principe;

Fig. 7.

une hélice HH, composée de trois métaux, platine, or, argent, est suspendue par une de ses extrémités à un support métallique SS, fixé à un socle en bois. L'extrémité inférieure de l'hélice porte une aiguille qui se meut au-dessus d'un cadran divisé; quand la température s'élève, la lame s'ouvre ; quand elle s'abaisse, la lame se referme.

Pour faire de cet instrument un galvanomètre, ou plutôt un galvanoscope, M. Delarive a attaché à la partie inférieure de l'hélice une pointe qui plonge dans du mercure placé dans une petite coupe c ; on attache les rhéophores de la pile aux boutons m, n, qui sont réunis métalliquement l'un au support SS, l'autre à la coupe c, contenant le mercure ; le courant passe alors dans l'hélice, et, l'échauffant plus ou moins suivant son intensité, fait dévier l'aiguille plus ou moins.

Nous ferons connaitre dans la deuxième partie de cet ouvrage, n° 68, un appareil nommé paratonnerre, destiné à préserver les appareils télégraphiques des effets de l'électricité atmosphérique dans les temps orageux, et fondé sur la propriété des courants énergiques d'échauffer et de fondre les conducteurs

Action du courant sur l'aiguille aimantée.

11. — On appelle *pôle austral* A ou *pôle nord* d'une aiguille aimantée, celui qui se tourne vers le Nord, et *pôle boréal* B ou *pôle sud*, celui qui se tourne vers le Sud. Soit, fig. 8, un fil CZ placé entre les deux pôles d'une pile, le courant marche dans le sens CZ marqué par la flèche ; si le fil est placé au-dessus de l'aiguille AB librement suspendue par son centre, elle déviera vers

la position *ab*; si, au contraire, le fil est placé au-dessous de l'aiguille, elle déviera vers la position *a'b'*. Si

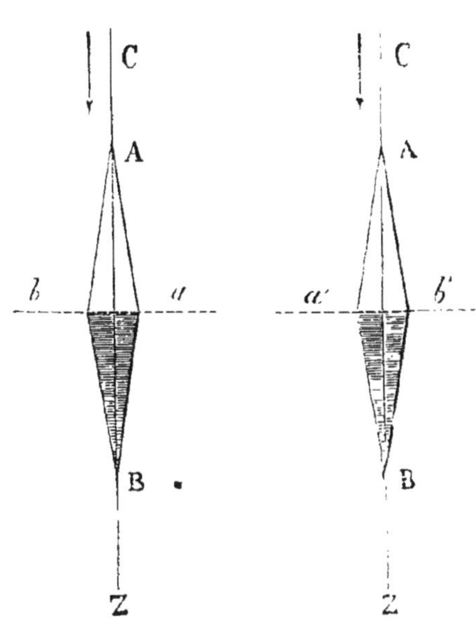

Fig. 8.

on change le sens du courant, le sens de la déviation change également. Tel est le phénomène découvert par Œrsted en 1820. L'illustre Ampère en a représenté d'une manière frappante les différentes faces, en supposant un homme couché sur le fil dans la direction du courant, de manière à avoir les pieds du côté du pôle positif C, et la tête du côté du pôle négatif Z, et regardant l'aiguille; et en prenant la gauche et la droite de cet homme pour la gauche et la droite du courant, l'aiguille est déviée de sa position d'équilibre et tend à se placer en croix avec le courant, le pôle austral à gauche.

Il est important de noter que l'aiguille ne dévie pas jusqu'à la position *ab*, perpendiculaire à sa position primitive, mais elle s'en approche d'autant plus que l'intensité du courant est plus grande. C'est ce fait qui a servi de principe à la plupart des instruments construits dans le but de mesurer les courants électriques.

12. — Considérant, fig. 9, un fil *CabZ* entourant une

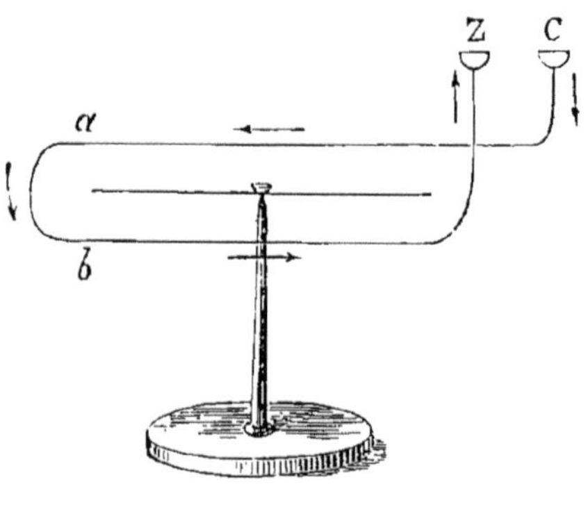

Fig. 9.

aiguille aimantée librement suspendue sur une pointe; on voit que pour les différentes parties du courant *Ca*, *ab*, *bZ*, la gauche est du même côté, et que par conséquent leurs actions sont concourantes; si maintenant on fait faire au fil un certain nombre de circonvolutions, on multiplie par le même nombre l'action du courant sur l'aiguille, et l'on obtient une déviation plus grande.

Tel est le principe du *multiplicateur* de Schweigger, qui permet de constater l'existence et de déterminer le sens de courants très-faibles.

Hâtons-nous de dire que cette dénomination n'est pas tout à fait exacte, et qu'en augmentant indéfiniment le nombre des circonvolutions du fil autour de l'aiguille aimantée, on finirait par diminuer la déviation, car on serait obligé d'allonger le fil, ce qui diminue dans chacun de ses éléments l'action du courant

Boussole.

13. — L'instrument le plus simple fondé sur ce principe, est la boussole représentée fig. 10.

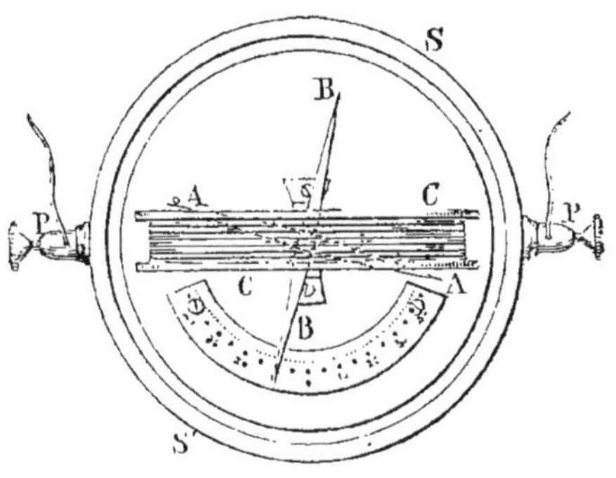

Fig. 10.

SS socle en bois;

CC cadre autour duquel sont enroulés cinquante a

soixante tours de fil de cuivre recouvert de soie, pour qu'une spire ne touche pas aux autres ;

AA aiguille aimantée placée dans l'intérieur du cadre et portée sur une pointe d'acier très-fine ;

BB aiguille en cuivre fixée perpendiculairement sur celle d'acier, et dont l'extrémité indique la déviation sur un arc métallique gradué de 0° à 40°.

Les extrémités du fil enroulé sur le cadre viennent aboutir aux boutons ou bornes PP.

C'est au moyen de ces boutons qu'on intercale la boussole dans le circuit, en y serrant à vis les deux extrémités du fil.

Pour faire usage de la boussole, il faut que l'aiguille étant dans la position nord-sud, elle soit placée dans le cadre, bien parallèlement aux tours du fil, ce dont on s'assure par l'aiguille de cuivre qui, dans ce cas, doit être sur le zéro de l'arc gradué. On dit alors que la boussole est *orientée*.

Cet instrument est employé dans presque tous les postes télégraphiques ; il indique le passage du courant, et permet, dans une certaine mesure, d'en apprécier l'énergie, mais il n'en donne pas la mesure exacte.

Galvanomètre.

14. — Nobili a donné à cet instrument une sensibilité incomparablement plus grande, en employant un

système de deux aiguilles liées l'une à l'autre d'une manière invariable. Elles sont suspendues à un même fil
de cocon sans torsion, mais leurs pôles sont placés en
sens opposé, de telle sorte que l'action directrice de la
terre étant contraire sur chacune d'elles, est presque
nulle sur l'ensemble des deux, qu'on appelle alors système *astatique*.

L'une des aiguilles est placée dans l'intérieur du cadre qui porte le fil conducteur, l'autre au-dessus et très-
près des fils; l'aiguille supérieure est donc soumise à
l'action directrice des fils supérieurs, qui tend à la faire
dévier dans le même sens que l'aiguille inférieure.

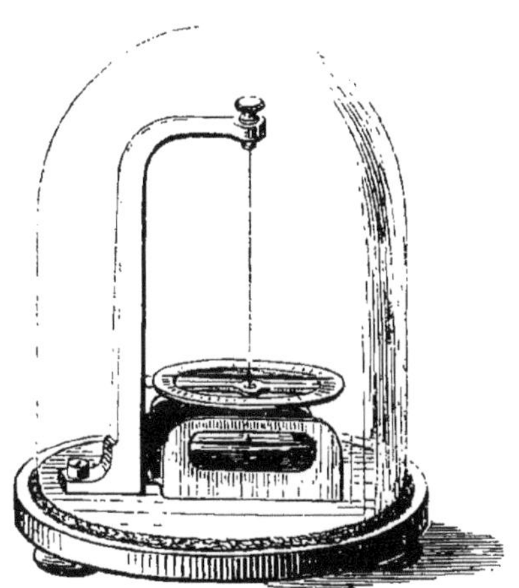

Fig. 11.

Ainsi, d'une part, la diminution de l'action terrestre;
d'autre part, l'addition de l'action du courant sur l'ai-

guille supérieure, concourent à rendre l'instrument très-sensible

On appelle *galvanomètre*, tout instrument destiné à mesurer les courants électriques ou galvaniques; ce nom est cependant en général réservé à l'appareil que nous venons de décrire et que représente la figure 11.

Les déviations que l'on y observe ne sont cependant pas proportionnelles aux intensités des courants, de telle sorte que, pour obtenir avec cet instrument des mesures exactes de l'intensité des courants, il faut construire préalablement, et pour chaque instrument, une table qui donne l'intensité correspondante à chaque déviation; c'est cette méthode qu'a employée Melloni dans ses travaux sur la chaleur rayonnante. (Voir Gavarret, *Traité d'Électricité*, t. II, p. 46.)

On a imaginé depuis des instruments appelés boussole des sinus et boussole des tangentes, que nous décrivons plus loin, n°s 29 et suivants, et qui donnent exactement la mesure des intensités.

III

PROPAGATION DE L'ÉLECTRICITÉ

Conductibilité. — Résistance.

15. — Une des propriétés les plus frappantes de l'électricité est sa faculté de se transmettre avec une grande rapidité dans certains corps qu'on appelle pour cette raison *conducteurs;* on a reconnu qu'il n'y a pas une distinction absolue entre les corps conducteurs et les corps non conducteurs ou *isolants,* mais que l'électricité se transmet d'une manière plus ou moins sensible au travers de tous les corps, et qu'on peut les classer par ordre de conductibilité plus ou moins grande.

On appelle *résistance* d'un corps, l'obstacle qu'il oppose au passage du courant électrique, et qui varie avec les dimensions de ce corps, sa composition chimique, etc., etc., comme nous allons l'expliquer.

Lois de l'intensité des courants et de la résistance des conducteurs.

16. — Ces lois ont été établies par de nombreuses expériences dans le détail desquelles nous ne pouvons pas entrer; nous renverrons le lecteur pour l'étude complète de ces questions au *Traité d'Électricité* de M. Gavarret, t. II, p. 8 et suiv., et p. 73 et suiv.

L'intensité d'un courant est la même dans tous les points du circuit qu'il parcourt.

En effet si on forme un circuit de fils de métaux différents et de différents diamètres, on voit qu'une aiguille aimantée, librement suspendue, dévie de la même quantité sous l'action de toutes les parties du circuit, pourvu qu'on ait soin de les placer toujours à la même distance de l'aiguille et dans la même position.

La résistance d'un conducteur est en raison directe de sa longueur et en raison inverse de sa section, ou ce qui est la même chose pour un conducteur cylindrique *en raison inverse du carré de son diamètre.*

Ainsi, 1° la résistance d'un fil métallique devient double, triple, quadruple quand sa longueur devient double, triple, quadruple.

2° Sa résistance devient deux, trois fois plus petite, quand sa section devient deux, trois fois plus grande.

Une vérification facile de ces lois consiste à intercaler

successivement dans un même circuit deux fils dont le second ait une longueur et une section doubles du premier ; l'intensité du courant mesurée par un galvanomètre est la même dans les deux cas, ce qui montre que les résistances des deux fils sont égales.

Expression de l'intensité du courant.

17. — L'*intensité* d'un courant dépend de deux éléments, qui sont :

1° La *force électromotrice* ou la cause qui produit le courant électrique ;

2° La *résistance* du circuit ou la somme des résistances des différentes parties qui le composent.

Nous avons déjà dit au n° 15 que la résistance d'un corps est l'obstacle qu'il oppose au passage du courant.

Un circuit télégraphique, par exemple, se compose d'un conducteur plus ou moins long en fil de fer et d'une pile d'un certain nombre n d'éléments ; la force électromotrice du courant qui le parcourt est la somme des forces électromotrices des éléments qui composent la pile ; supposons tous les éléments semblables, et appelons E la force électromotrice d'un de ces éléments, nE sera la force électromotrice totale produisant le courant.

La résistance de ce circuit se compose de celle des n éléments de la pile, soit nR, en appelant R celle d'un seul élément et de celle du fil conducteur r; par suite celle du circuit entier sera $nR + r$.

On comprend que l'intensité du courant est proportionnelle à la force électromotrice totale, et inversement proportionnelle à la résistance totale du circuit; par conséquent l'intensité est égale à la force électromotrice totale divisée par la résistance totale

Dans le cas qui nous occupe on a donc en appelant I l'intensité du courant :

$$I = \frac{n \cdot E}{nR + r}$$

Dans le cas où r est nul, c'est-à-dire où la pile est fermée sur elle-même, où ses pôles sont mis en contact, la formule devient :

$$I = \frac{nE}{nR} = \frac{E}{R}$$

Ce qui montre que quand une pile est fermée sur elle-même, l'intensité du courant est la même, quel que soit le nombre des éléments, la même que si elle se composait d'un seul élément.

Cette conséquence de la formule est vérifiée par l'expérience et on peut l'expliquer sans peine directement; en effet, la force et la résistance croissant dans le même rapport, l'intensité du courant, c'est-à-dire l'effet produit, doit rester le même.

Nous avons supposé jusqu'ici que les éléments de la

pile étaient réunis en une seule chaîne par leurs pôles opposés, on dit dans ce cas que les éléments sont *associés en tension*.

18. — Si, au contraire, on réunit tous les pôles positifs, d'une part, et d'une autre tous les pôles négatifs, on dit que les éléments sont *associés en quantité*; dans ce cas, la force électromotrice de la pile est la même que celle d'un seul élément E, mais la résistance de la pile de n éléments est n fois plus petite que celle d'un seul élément, soit $\dfrac{R}{n}$ et celle du circuit total est alors $\dfrac{R}{n} + r$, d'où on tire pour l'intensité I :

$$I = \frac{E}{\dfrac{R}{n} + r} = \frac{n \cdot E}{R + nr}$$

Une expérience fort simple de M. J. Regnauld démontre que, comme nous venons de le dire, la force électromotrice d'une pile d'un nombre quelconque n d'éléments associés en quantité est la même que celle d'un seul élément. Elle consiste à mettre en opposition un élément et une pile de n éléments en quantité, en intercalant un galvanomètre très-sensible dans le circuit; c'est-à-dire à réunir le pôle zinc de l'élément seul au pôle zinc de la pile, tandis que entre les pôles cuivre de l'élément et de la pile est placé un galvanomètre: on comprend que dans cette disposition le courant produit par l'élément seul tend à traverser le galvanomètre en sens contraire de celui de la pile; or, si sensible que soit cet instrument, il n'indique aucun passage du courant, ce qu'on ne peut expliquer qu'en admettant que lés forces électromotrices de l'élément seul et de la pile, qui sont ici de sens contraire, sont égales.

19. — On peut varier cette expérience et la faire, par exemple, en mettant en opposition un grand élément et un petit; les éléments grands ou petits de la même espèce ont la même face électromotrice et ne diffèrent entre eux que par leurs résistances inégales.

Les lois de la résistance des liquides étant les mêmes que celles des solides (n° 16), un élément est d'autant moins résistant qu'il est de plus grande dimension ou que les parties plongées des lames métalliques ont une plus grande étendue; au contraire, il est d'autant plus résistant que la distance des lames plongées est plus grande.

Par conséquent deux éléments groupés en quantité produisent le même effet qu'un seul élément de dimensions doubles, ou pour parler plus exactement, qu'un seul élément dans lequel les lames plongées auraient une surface double, leur distance restant la même.

20 — Considérons comme un seul élément la pile de n éléments montés en quantité, comme nous l'avons indiqué, sa force électromotrice est E, sa résistance $\frac{R}{n}$; supposons qu'on prenne un nombre m de piles ou d'éléments complexes semblables, et qu'on les monte en tension, c'est-à-dire qu'on les réunisse par leurs pôles de noms contraires, la force électromotrice de la pile entière sera $m\mathrm{E}$ et sa résistance $\dfrac{m\mathrm{R}}{n}$; par conséquent avec un circuit extérieur de résistance r l'intensité sera :

$$1 = \frac{m\,\mathrm{E}}{\dfrac{m\mathrm{R}}{n} + r} = \frac{mn\,\mathrm{E}}{m\mathrm{R} + nr}$$

L'examen de cette formule montre que dans un circuit très-résistant, comme ceux des lignes télégraphiques, il y a peu d'avantage à grouper les éléments en quantité ou, ce qui revient au même, à employer des éléments de grandes dimensions; et, en effet, on a pu employer des éléments qui n'ont pas plus de trois centimètres et demi de hauteur : ces éléments sont en usage permanent en Suisse.

Dans le même cas il y a, au contraire, avantage, et même nécessité, à grouper un certain nombre d'éléments en tension.

La même formule montre également que dans un circuit peu résistant il y a avantage à employer de grands éléments ou des éléments groupés en quantité; c'est le cas des circuits locaux qui sont tout entiers dans une pièce comme ceux des sonneries d'appartements, etc., etc.

Une analyse très-élémentaire conclut de cette formule, que *la condition pour qu'une batterie donne son maximum d'intensité dans un circuit donné, est que les éléments soient groupés de telle façon que la résistance intérieure de la pile soit égale à celle du circuit extérieur* [1].

Voir Gavarret, *Traité d'Électricité*, t. II, p. 107.

[1] Il importe de préciser nettement ce point, qui a souvent été mal compris.

Il n'y a jamais avantage, dans un conducteur donné de résistance r, à employer une pile plus résistante qu'une autre d'un égal nombre d'éléments pour le rapprocher de la condition indiquée ci-dessus; en effet, on augmente ainsi la résistance totale du circuit et on diminue l'intensité.

D'un autre côté, si on a un conducteur r dans lequel agit une pile de cinquante éléments ayant aussi pour résistance r, l'intensité du courant augmentera si on ajoute des éléments à la pile, car on augmentera la force électro-motrice dans une plus grande proportion que la résistance totale du circuit; à la vérité, quand on aura ajouté un nombre assez grand d'éléments pour que la résistance du conducteur soit petite par rapport à celle de la pile, l'addition nouvelle de quelques éléments produira peu d'augmentation dans l'intensité du courant, car on se rapproche alors du cas, signalé au n° 17, page 28, où la résistance du conducteur est nulle ou négligeable et où l'intensité reste la même, quel que soit le nombre des éléments.

La véritable signification du principe ci-dessus est la suivante : Si on a un conducteur r et un nombre n d'éléments, il pourra arriver que, en les mettant tous en tension, on ait une pile plus résistante que r; en associant ces éléments deux à deux en quantité, on aura des éléments de surface double et moitié moins résistants, mais en nombre moitié moindre, et par suite une pile moins résistante que la première; en associant les mêmes élé-

IV

MESURE DES RÉSISTANCES

Unité de résistance.

21. — Dès le début de nos travaux, nous avons adopté pour unité la résistance d'un mètre de fil de ligne, c'est-à-dire de fil de fer de quatre millimètres de diamètre galvanisé.

Cette unité a été généralement employée dans la télégraphie.

ments trois à trois en quantité, on aura des éléments trois fois moins résistants et en nombre trois fois moindre, et par suite une pile encore moins résistante que la précédente ; on pourra associer les mêmes éléments quatre à quatre ou cinq à cinq, etc., jusqu'à les mettre tous en quantité et à n'avoir plus qu'un seul élément ; parmi toutes les piles qu'on formera ainsi avec les mêmes éléments différemment groupés, il y en a une qui aura une résistance égale à r ou qui s'en rapprochera plus que les autres ; c'est celle-là qui donnera le maximum d'intensité.

On appelle *longueur réduite* d'un conducteur quelconque la longueur du fil normal (pour nous fil de fer de 4 $^m/_m$) de même résistance que ce conducteur.

Nous allons décrire plusieurs instruments, d'un usage très-commode, imaginés par M. Wheatstone pour la mesure des résistances, ou, ce qui est la même chose, des longueurs réduites.

Rhéostat.

22. — Cet instrument représenté par la fig. 12 se compose, comme parties essentielles, de deux cylindres de même diamètre, l'un B en bois sur lequel est tracée une rainure en hélice très-serrée, l'autre L en laiton.

Un fil métallique est placé sur ces deux cylindres de telle manière qu'en même temps il s'enroule sur l'un d'eux et se déroule de l'autre.

Les tours de fil sont bien isolés les uns des autres sur le cylindre de bois à cause de la rainure dans laquelle ils se placent; sur l'autre, au contraire, ils font tous partie de la même masse métallique.

Deux ressorts R et R' auxquels sont soudés les boutons *b* et *b'* frottent l'un sur le cylindre de laiton L, l'autre sur une bague portée par l'extrémité du cylindre de bois et à laquelle est attaché le fil du rhéostat.

On comprend alors que si on place cet appareil dans un circuit au moyen des boutons *b*, *b'*, soudés aux res-

sorts R, R', on y introduit toute la résistance du fil enroulé sur le cylindre de bois, résistance qu'il est facile

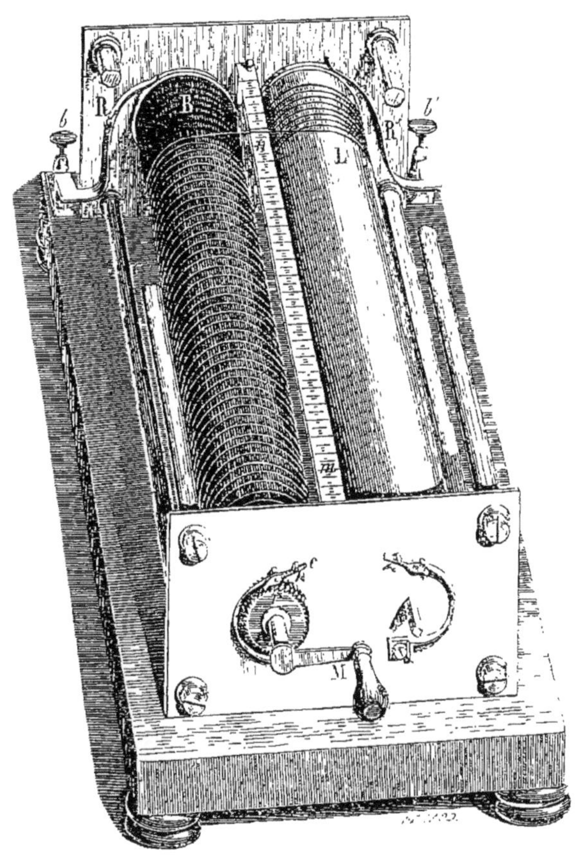

Fig. 12.

d'augmenter ou de diminuer en tournant la manivelle M, qu'on place sur l'un ou l'autre des axes des
deux cylindres.

Le nombre des tours est compté, soit au moyen de deux cadrans placés sur la face postérieure de l'instrument et dont les aiguilles sont conduites par des roues d'engrenage ; soit au moyen de la règle divisée *mn* dont les divisions sont espacées précisément comme les spires tracées sur le cylindre et sur laquelle le fil passe et indique lui-même le nombre des tours isolés sur le bois.

Enfin les fractions de tours mêmes peuvent être appréciées au moyen d'une aiguille portée par l'axe du cylindre B et tournant devant un cadran divisé.

Appareil de résistances.

23. — Quand on a des résistances considérables à mesurer, le rhéostat ne suffit pas ; on emploie alors un appareil (fig. 13) composé d'un nombre plus ou moins grand de bobines sur lesquelles est enroulé du fil métallique recouvert de soie qu'on met en quantités différentes, de manière à donner à ces bobines des résistances égales, par exemple, à 10, 20, 40, 80, 160 et 320 kilomètres de fil de ligne.

En face de chacune des bobines on voit deux trous dans lesquels peuvent se placer les bouchons B ; quand on place un bouchon dans le trou marqué zéro, le courant qui, entrant par la borne de droite, sort par la borne de gauche, ne traverse pas la bobine correspondante ; si, au contraire, on le place dans un des trous 10, 20, 40, 80, 160 ou 320, le courant traverse la bobine correspondante.

Fig. 13.

Dans le cas représenté par la figure 13 on voit, en partant de la borne de droite et suivant les communications figurées (celles placées au-dessous de la planchette de bois sont indiquées par des traits ponctués), que les bobines 80 et 160 sont dans le circuit et que les quatre autres ne sont pas parcourues par le courant. L'appareil présente alors une résistance de $160 + 80 = 240$ kilomètres.

Au moyen de cette combinaison on peut introduire dans le circuit toutes les résistances 10, 20, 30, etc., croissant de 10 kilomètres, jusqu'à 630, qu'on obtient quand toutes les bobines sont parcourues par le courant.

Mesure des résistances.

24. — Pour mesurer la résistance d'un conducteur C donné, on l'intercale dans le circuit d'une pile constante avec un rhéostat et un galvanomètre dont on observe la déviation, on supprime ensuite le conducteur, et on tourne le rhéostat pour augmenter sa résistance, jusqu'à ce que le galvanomètre marque la déviation première; la résistance qu'on a ajoutée au rhéostat est précisément celle du conducteur C.

On peut opérer d'une autre façon en employant l'appareil fig. 14. Sur une planche en bois sont disposés des fils en forme de losange; les pôles d'une pile sont amenés en P, P', et les deux fils d'un galvanomètre en G et G'; on intercale en M la résistance cherchée, et en N le rhéostat; on voit qu'une portion du courant suit la marche PGG′NP′ et une autre la marche PMG′GP′; pour que ces deux courants, traversant le galvanomètre en sens contraire, n'y produisent aucune déviation, il faut que les résistances PGG'NP' et PMG'GP' soient égales, ou que celles intercalées en M et N soient égales; on tourne donc le rhéostat jusqu'à ce que la déviation du galvanomètre

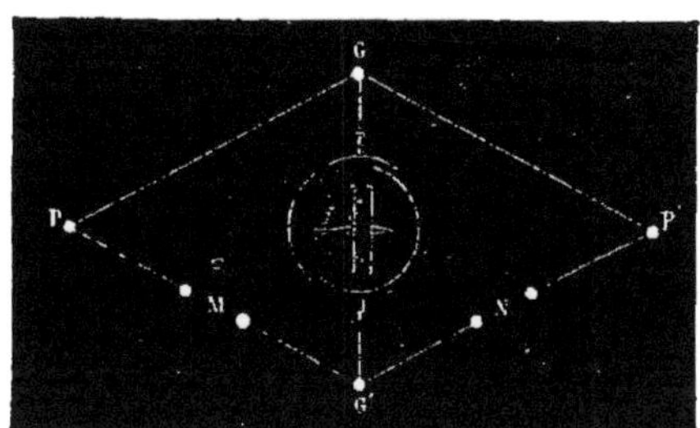

Fig. 14.

soit nulle, sa résistance est alors celle du conducteur intercalé en M. Avec un galvanomètre suffisamment sensible, cette méthode permet d'apprécier des différences très-petites.

V

DES RÉSISTANCES

Résistances spécifiques.

25. — Par ces moyens on a pu comparer la résistance à égales dimensions des conducteurs de différentes natures, solides ou liquides; MM. Pouillet, Becquerel et d'autres physiciens, ont fait de nombreuses expériences à ce sujet; les nombres qu'ils ont donnés présentent d'assez grandes différences, qui s'expliquent par l'inégale pureté des échantillons qu'ils ont employés; en effet, on observe presque toujours une différence de résistance entre les deux moitiés d'un même fil, et on trouve que la résistance des alliages varie considérablement avec la proportion des métaux qui entrent dans leur composition; celle du laiton, par exemple, varie de 4 à 18.

Le tableau suivant a été calculé d'après les résultats des expériences de MM. Pouillet, Becquerel et Ma thiessen.

Cuivre pur.	B.	1 0000
Argent.		0.9144
Cuivre du commerce.	M.	1.1875
Cuivre, *idem*, autre échantillon.	M.	1.2700
Or.	B.	1.5969
Aluminium.		2.7709
Cuivre du commerce contenant probablement un peu d'oxyde de cuivre.	M.	3.0466
Zinc.	M.	3.3866
Laiton variable, d'après M. Pouillet, entre.	P.	5.0800
et	P.	22.8600
Fer.	M.	6.5314
Platine.	M.	9.1440
Plomb.	M.	11.8753
Mercure.	M.	56.0900
Charbon des piles Bunsen.	M	31.643 0000

Température.

Eau saturée de sulfate de cuivre.	9°,25	B.	16.885.520.0000
Eau saturée à 9°25 de chlorure de sodium.	13°,40	B.	2 903.538.0000
Eau saturée de sulfate de zinc.	14°,40	B.	10.174.486.0000
Acide sulfurique étendu au $\frac{1}{11}$.	19°,00	B.	1.032 020.0000
Acide azotique ordinaire.	13°,10	B.	976.000.0000
Eau distillée.		P.	6.754.208.000.0000

Influence de la température.

26. — La chaleur modifie profondément la conductibilité ou la résistance des conducteurs.

Une élévation de température augmente la résistance des conducteurs métalliques et diminue celle des liquides. M. E. Becquerel[1] a trouvé qu'entre 0° et 100°, l'augmentation de résistance des métaux est sensiblement proportionnelle à l'élévation de la température, et qu'elle peut être déterminée en faisant usage de coefficients qu'il a calculés, et correspondant à une élévation de température de 1°. Ce coefficient est pour le fer 0,004729; il est plus grand que pour les autres métaux qu'on a étudiés; nous pouvons donc calculer que la variation de résistance possible du fil télégraphique, par un changement de température de 40° ou 50°, qui peut se produire de l'été à l'hiver, est d'environ deux dixièmes de la valeur de la résistance; ainsi, une ligne de 400 kilomètres peut éprouver par cette cause des variations de résistance équivalentes à 80 kilomètres.

[1] *Annales de chimie et de physique*, 3ᵉ série, t. XVII, p. 254 Juin 1846.

Influence de l'écrouissage.

27. — L'écrouissage des métaux augmente notablement leur résistance, comme le montre le tableau suivant extrait d'un mémoire déjà cité de M. E. Becquerel.

SUBSTANCE.	RÉSISTANCE PAR RAPPORT A L'ARGENT. Température : 12°,75.		RAPPORT DES RÉSISTANCES du métal écroui et du métal recuit.
	ÉCROUI.	RECUIT.	
Argent.	107,00	100,00	1,070
Cuivre.	112,25	109,36	1,026
Fer.	824,82	817.44	1,010
Platine.	1243,47	1227,48	1,013

Résistance au passage.

28. — Si dans une auge allongée remplie de liquide
faisant partie du circuit d'une pile on place une plaque
métallique perpendiculaire à la direction du courant,
on voit aussitôt l'intensité du courant marquée par la
déviation de l'aiguille d'un galvanomètre diminuer
d'une manière très-notable

Ainsi, parmi les résistances d'un circuit, il faut compter, outre celles des différents conducteurs, ces *résistances au passage* des corps solides aux corps liquides.

En général, la résistance au passage tient à deux causes : une résistance passive et une résistance active, ou une force électromotrice de sens contraire à celle de la pile qui résulte de l'action chimique exercée par le liquide sur les électrodes qui y sont plongés.

Les variations d'intensité des piles tiennent, le plus souvent, aux changements de cette résistance active produite à l'un des électrodes de la pile, qu'on appelle aussi *polarisation des électrodes*. (*Voir* Gavarret, *Traité d'électricité*, t. 1, p. 498 et 550.)

VI

MESURE DE L'INTENSITÉ DES COURANTS

Nous avons dit (n° 14), en parlant du galvanomètre, que cet instrument ne donne la mesure exacte des intensités des courants qu'au moyen d'une table construite préalablement pour chaque instrument en particulier.

Boussole des sinus.

29. — La boussole des sinus, au contraire, donne immédiatement le rapport exact des intensités.

La figure 15 représente la disposition très-simple que nous avons donnée, en 1845, à cet instrument pour l'emploi dans les bureaux télégraphiques de l'État.

L'hélice CC est portée par un disque DD mobile dans l'intérieur du socle SS, et pouvant tourner autour de son centre. Quand l'aiguille aimantée est bien au milieu

3.

du cadre ou hélice CC, l'aiguille indicatrice BB, qui lui est perpendiculaire, est au-dessus d'un repère tracé sur la petite colonne x; deux goupilles verticales, portées par cette colonne x, empêchent les aiguilles de faire des oscillations étendues, ce qui rendrait les observations plus longues.

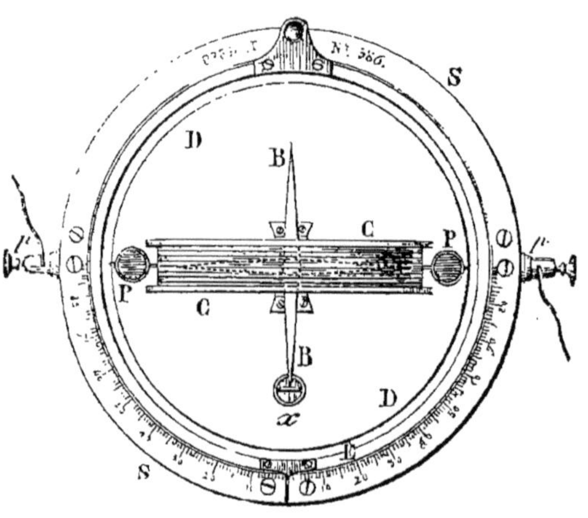

Fig. 15.

Le fil de l'hélice aboutit aux boutons pp, qui, respectivement, communiquent par des fils extensibles placés dans l'intérieur du socle SS fixe de l'appareil, aux bornes pp.

Quand un courant passant dans le fil de l'hélice fait dévier l'aiguille, on fait tourner le disque mobile au moyen d'une manivelle représentée à la partie supérieure du dessin jusqu'à ce que l'aiguille BB vienne s'arrêter au-dessus du repère x; on lit alors sur le cercle divisé fixe l'angle marqué par l'indicateur E, porté par le disque DD; le sinus [1] de cet angle est la mesure de l'intensité cherchée.

On peut augmenter à volonté la sensibilité de cet instrument en augmentant le nombre des tours de fil placés sur l'hélice; on voit que, par son principe, il est plus sensible que la boussole ordinaire, à dimensions égales, et à égal nombre de tours, puisque les spires du fil sont plus rapprochées de l'aiguille aimantée dans la position finale d'équilibre.

30. — La figure 16 représente la boussole des sinus que nous construisons pour des expériences exactes.

Le socle S est supporté par quatre vis calantes V; en son centre est monté un axe en cuivre H, qui supporte un cercle O horizontal divisé en demi-degrés et sur lequel sont placées une hélice de boussole C et une lunette qui regarde le repère tracé sur la petite colonne x.

Le support de la lunette porte aussi une potence à laquelle sont suspendues, par un fil de cocon sans torsion,

---

[1] Les sinus des angles sont des nombres qui sont donnés par des tables, celles dont nous nous servons sont celles de M. Claudel. (*Tables des expressions trigonométriques naturelles des angles successifs de minute en minute.*)

Dire que le sinus de l'angle est la mesure de l'intensité du courant auquel il correspond, c'est dire que le rapport des intensités de deux courants est le même que celui des sinus des angles qui leur correspondent.

une aiguille aimantée et une aiguille indicatrice i (très-légère, en verre ou en aluminium).

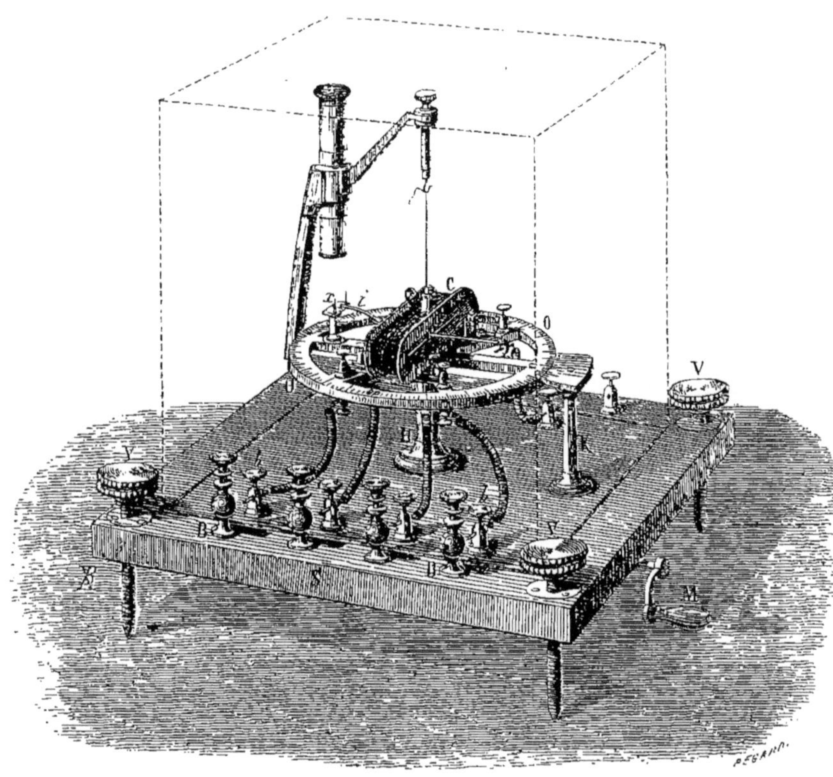

Fig. 16.

La colonne x et les goupilles qu'elle porte ont ici la même utilité que dans le précédent appareil.

L'axe H porte, en outre, au-dessous du socle en bois une roue dentée dans laquelle engrène une vis sans fin, qu'on met en mouvement au moyen de la manivelle M;

c'est avec ce système qu'on fait tourner l'axe, et, par conséquent, le cadre C de la boussole.

La colonne fixe K porte un double vernier, qui donne le trentième des divisions du cercle, c'est-à-dire la minute; le zéro de ce vernier est le point de départ des lectures de divisions; par conséquent, au repos, c'est-à-dire quand aucun courant ne traverse l'appareil, la boussole étant orientée, le zéro du cercle doit coïncider avec le zéro du vernier.

Les petites bornes, isolées du cercle O par des pièces d'ivoire, servent à mettre en communication les fils enroulés sur l'hélice avec les boutons b fixés au socle en bois de l'instrument, et, par suite, aux boutons B, auxquels on fait aboutir les fils entre lesquels on veut intercaler la boussole.

On peut placer sur la même hélice plusieurs circuits composés d'un nombre plus ou moins grand de tours pour mesurer des courants d'intensité différente; on comprend, en effet, que si on est conduit à faire tourner le cercle O de plus de 90°, l'instrument ne donne plus d'indications; on dit alors que la boussole *renverse*.

Principe de la boussole des sinus.

31. — Quand on opère comme nous l'avons indiqué, la position de l'aiguille étant la même par rapport aux

fils conducteurs du courant, au moment où l'équilibre est obtenu, qu'au départ, l'action de la terre change seule et diminue à mesure que la déviation augmente.

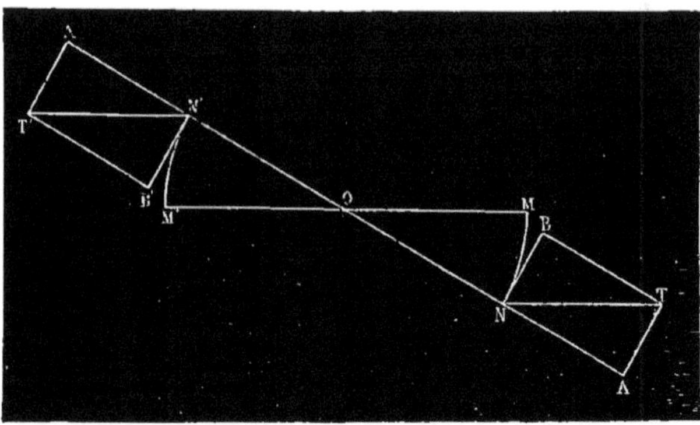

Fig. 17.

Soit M'OM la direction du méridien magnétique, N'ON la position d'équilibre de l'aiguille aimantée et la direction finale du courant. L'action de la terre sur l'aiguille est celle d'un couple NT,N'T', dont les composantes sont parallèles au méridien magnétique et d'une grandeur constante. (*Voir* Gavarret, *Traité d'Électricité*, t. I, p. 240.) Le couple NT,N'T' peut être décomposé en deux NA,N'A' et NB,N'B', les forces NA,N'A' se détruisent et on a NB $=$ NT sin MON. NT étant une force constante, on voit que la force NB qui tend à ramener l'aiguille dans le méridien et à laquelle fait équilibre l'action du courant, est proportionnelle au sinus de l'angle de déviation MON; on est donc fondé à dire que *l'action du courant a pour mesure le sinus de la dé-viation.*

Pour de très-petits angles, les sinus étant proportionnels aux arcs, on peut prendre les déviations pour les sinus. Pour des angles voisins de 90°, les sinus augmentant beaucoup moins que les angles, le procédé de la boussole des sinus donne peu d'exactitude; il convient donc d'éviter les angles de plus de 60°.

Boussole des tangentes.

32. — Nous avons fait comprendre que la boussole des sinus donne moins d'exactitude dans la mesure des intensités considérables, et que même elle ne permet pas de mesurer les courants qui la font renverser; la boussole des tangentes convient, au contraire, à la mesure des courants très-forts.

Le cadre ou hélice qui porte le fil et qui, dans la boussole des sinus, a de petites dimensions, de manière à obtenir une plus grande action sur l'aiguille, est, dans la boussole des tangentes, de très-grande dimension et ne porte quelquefois qu'un seul tour de fil ou un ruban de cuivre assez large; l'aiguille aimantée, au lieu d'avoir toute la longueur permise par le cadre, est très-courte; elle n'a, par exemple, que 3 centimètres dans un cadre de 35 centimètres de diamètre.

On admet alors, ce qui est sensiblement vrai, que

l'action du courant sur l'aiguille est toujours la même, quelle que soit la direction de l'aiguille; représentons,

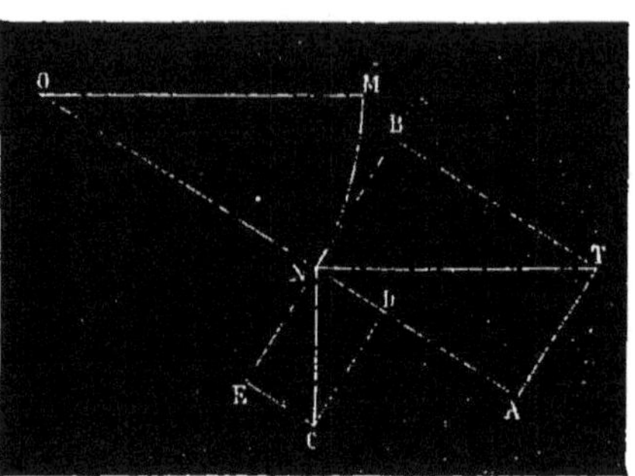

Fig. 18.

figure 18, cette action sur le pôle N par la ligne NC perpendiculaire au méridien magnétique; cette force peut être décomposée en deux NE, ND; la force ND est détruite comme la force NA, et quand l'aiguille est en équilibre

on a

$$NE = NB;$$

or

$$NE = NC \cos MON$$

et

$$NB = NT \sin MON,$$

donc

$$NC \cos MON = NT \sin MON;$$

ou

$$NC = NT \operatorname{tg} MON,$$

par conséquent *l'action du courant a pour mesure la tangente de l'angle de déviation.*

VII

MESURE DE LA RÉSISTANCE ET DE LA FORCE ÉLECTROMOTRICE DES PILES

Principe de la méthode.

33. — Soient E et R la force électromotrice et la résistance d'un élément de pile donné; nous nous proposons de déterminer la valeur de ces deux quantités inconnues.

Faisons passer le courant de cet élément dans une boussole des sinus et dans un rhéostat, appelons r la résistance connue du rhéostat et du fil de la boussole; nous pourrons mesurer dans ce cas l'intensité I du courant.

$$I = \frac{E}{R + r}$$

d'où

$$E = I\,(R + r) \quad [1]$$

Faisant varier la résistance du rhéostat, nous pourrons mesurer l'intensité nouvelle I' du courant pour le cas où la résistance du rhéostat, augmentée de celle de la boussole, est égale à r',

on a

$$I' = \frac{E}{R + r'}$$

d'où

$$E = I' (R + r').$$

De ces deux équations on tire

$$I (R + r) = I' (R + r')$$
$$IR - I'R = I'r' - Ir,$$

d'où

$$R = \frac{I'r' - Ir}{I - I'} \quad [2]$$

Une fois connue la valeur numérique de R, on en conclut celle de E au moyen de l'équation [1].

Application à l'élément Daniell.

34. — Dans l'application de la méthode précédente, on néglige, par rapport à la résistance du rhéostat, celle des fils qui servent à mettre en communication les appareils et celle du fil de la boussole; on a soin de leur donner un diamètre assez gros, ce qui autorise cette simplification.

Il est facile d'ailleurs de mesurer cette résistance totale par la méthode que nous avons donnée n° 24 ; on la retranche, à la fin des calculs, de la valeur qu'ils ont donnée pour R la résistance intérieure de l'élément

On peut, pour ces mesures, employer ou la boussole des sinus ou celle des tangentes ; dans les expériences suivantes nous avons fait usage de la première, qui se prête mieux à la mesure des courants d'une faible intensité.

Un élément Daniell dont le cylindre de zinc avait 9 centimètres de hauteur sur 7 de diamètre, a donné, pour les résistances ci-après indiquées, deuxième colonne du tableau, les déviations correspondantes, troisième colonne du tableau ; dans la quatrième colonne on trouve les sinus de ces déviations, qui sont les intensités des courants.

TOURS DU RHÉOSTAT.	RÉSISTANCES TOTALES.	DÉVIATIONS.	SINUS OU INTENSITÉ.
75	R + 75	62° 45′	0,8891
100	R + 100	43° 35′	0,6894
125	R + 125	34° 5′	0,5604
150	R + 150	27° 50′	0,4669
175	R + 175	24° 5′	0,4081
200	R + 200	21° 5′	0,3597

De ces nombres on tire cinq valeurs de R au moyen de la formule [2].

$$R = \frac{100 \times 0{,}6894 - 75 \times 0{,}8891}{0{,}8891 - 0{,}6894} = 11$$

La moyenne de ces cinq valeurs de R est aussi à peu près 11; cette valeur appliquée à la formule [1] donne $E = 76$.

Quand on fait l'application de ces constantes $R = 11$ $E = 76$, il ne faut pas oublier d'évaluer toutes les résistances en tours de notre rhéostat; mais si on veut les évaluer en mètres de fil de fer de $4^{m}/_{m}$ de diamètre, il faut évaluer aussi la résistance R en mètres de fil normal; or 14,5 tours du rhéostat équivalent à 1000^{m} de fil de fer de $4^{m}/_{m}$ pris pour fil normal.

Donc

$$R = 758 \text{ mètres};$$

à cette valeur correspond pour E :

$$E = 527{,}7.$$

Il est important de noter que la force électromotrice est presque invariable, tandis qu'au contraire, la résistance varie beaucoup avec la saturation des liquides et l'état du vase poreux; ainsi, quand un élément est tout neuf, sa résistance peut aller jusqu'à 42 tours de rhéostat; elle diminue rapidement dans les premiers jours, parce que le liquide du vase extérieur, qui n'était d'abord que de l'eau pure, devient de moins en moins résistant par la formation du sulfate de zinc; on voit, en effet, par le tableau du n° 25 que les dissolutions salines conduisent mieux que l'eau pure, et en général d'autant mieux qu'elles sont plus saturées.

Au bout de quelques jours l'élément prend son régime, et si plusieurs mois après on l'observe, on voit que dans un circuit un peu résistant il donne presque la même intensité qu'au début; en un mot, cette pile est parfaitement constante.

35. — La nature du vase poreux n'a pas d'influence sur la valeur de la force électromotrice, mais seulement sur celle de la résistance; ainsi, en substituant au vase de porcelaine une vessie, on diminue considérablement la résistance; mais, malgré cet avantage, on a dû, dans la pratique journalière, remplacer par des vases poreux proprement dits les vessies, qui présentent de grands inconvénients. Même parmi les vases poreux de porcelaine dégourdie, il y a un choix à faire, et ceux que fournissent certaines fabriques sont tellement résistants qu'ils peuvent rendre l'intensité très-faible, surtout au commencement de l'action des piles, et empêcher des appareils de fonctionner d'une manière régulière.

Nous avons déjà dit que les vases poreux se chargent de cuivre à leur surface intérieure et dans leurs pores même; l'expérience montre que ce dépôt diminue la résistance de l'élément dans une proportion notable.

Application à l'élément Bunsen.

36 — Nous avons opéré sur un élément dont le zinc avait 9 centimètres de haut et 45 millim. de diamètre. L'expérience a donné

$$R = 2,39 \text{ tours de rhéostat}$$
$$E = 154,00 ;$$

et en prenant pour unité la résistance du fil télégraphique d'un mètre,

$$R = 165$$
$$E = 924.$$

Après quelques jours d'action la valeur de ces constantes change dans une très-grande proportion; la résistance peut devenir 15 fois plus grande et la force électromotrice presque moitié moindre, ce qui s'explique par plusieurs raisons, entre autres l'affaiblissement de la dissolution d'acide sulfurique et de la disparution de l'acide nitrique

En renouvelant les acides dans l'élément on ramène les constantes, à très-peu près, à leurs premières valeurs.

VIII

37. — Soit une pile P et son circuit *abcde*, fig. 19. Si en deux points *b* et *d* on fait aboutir les extrémités d'un fil conducteur *bfd*, une partie du courant passe dans ce fil additionnel qu'on appelle *fil de dérivation*.

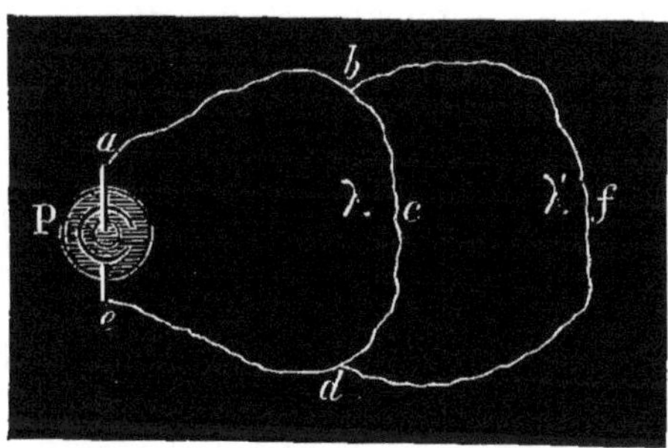

Fig. 19.

Soit λ la résistance ou la longueur réduite de l'*inter-*

valle de dérivation bcd; soit λ' celle du fil de dérivation *bfd*.

On appelle *courant primitif* celui qui circulait dans le circuit *abcde* avant l'addition du fil *bfd*; soit I l'intensité de ce courant.

On appelle *courant principal* celui qui circule dans la partie *ab* du circuit après la déviation, soit I' son intensité; on comprend dès l'abord que cette intensité est plus grande que celle du courant primitif, puisque la résistance totale du circuit a été diminuée.

Appelons *courant partiel* celui qui passe dans la partie *bcd* du circuit, et i son intensité; et *courant dérivé* celui qui circule dans le fil de dérivation *bfd* et i' son intensité.

Il est utile de savoir quelle longueur réduite placée entre les points de dérivation *b* et *d* équivaudrait aux deux fils *bcd* et *bfd*, c'est-à-dire donnerait au courant principal la même intensité; c'est cette quantité dont nous allons d'abord chercher la mesure.

Il est évident, et l'expérience d'ailleurs prouve que les intensités des courants partiel et dérivé sont en raison inverse des longueurs réduites λ et λ', et que la somme de ces intensités est égale à celle du courant principal

$$\frac{i}{i'} = \frac{\lambda'}{\lambda} \qquad I' = i + i'$$

d'où

$$\frac{i}{i+i'} = \frac{i}{I'} = \frac{i'}{\lambda+\lambda'}$$

or, appelant x la longueur cherchée, on a

$$\frac{i}{i + i'} = \frac{x}{\lambda} = \frac{i}{I'}$$

d'où on tire

$$\frac{\lambda'}{\lambda + \lambda'} = \frac{x}{\lambda}$$

$$x = \frac{\lambda\lambda'}{\lambda + \lambda'}$$

De cette valeur, nous pouvons tirer la valeur des différentes intensités I, I', i et i', on a d'abord pour le courant primitif, en appelant E la force électromotrice de la pile et L la résistance totale du circuit primitif moins *bcd* :

$$I = \frac{E}{L + \lambda} \quad [1]$$

On a pour le courant principal

$$I' = \frac{E}{L + \dfrac{\lambda\lambda'}{\lambda + \lambda'}} = \frac{E\,(\lambda + \lambda')}{L\,(\lambda + \lambda') + \lambda\lambda'} \quad [2]$$

L'intensité du courant partiel

$$i : i' :: \lambda' : \lambda \quad \frac{i}{i + i'} = \frac{\lambda'}{\lambda + \lambda'}$$

$$i = I' \frac{\lambda'}{\lambda + \lambda'} = \frac{E\lambda'}{L\,(\lambda + \lambda')\,\lambda\lambda'} \quad [3]$$

On trouverait de même pour le courant dérivé

$$i' = \frac{E\lambda}{L\,(\lambda + \lambda') + \lambda\lambda'} \quad [4]$$

Ces formules montrent d'abord que l'intensité du courant principal est plus grande que celle du courant primitif, ce que nous avons remarqué au début, en en disant la raison. Elles font voir de plus que les intensités des courants partiel et dérivé sont égales quand les résistances λ et λ' sont égales, et que, dans tous les cas, elles sont inversement proportionnelles à ces résistances, ce qui d'ailleurs nous a servi de point de départ. On en conclut que si le fil de dérivation a une très-grande résistance, l'intensité du courant partiel est presque égale à celle du courant principal, et que, un même fil de dérivation affaiblit d'autant plus le courant partiel que les points de dérivations sont plus rapprochés de la pile, puisque en effet l'intervalle de dérivation est plus considérable.

IX

ÉLECTRO-AIMANTS

38. — M. Arago fit en 1823 l'expérience suivante :
il enroula sur un barreau de fer doux un fil métallique
recouvert de coton, pour que les différentes spires fus-
sent isolées les unes des autres ; et, faisant passer un
courant dans ce fil, il vit le fer doux s'aimanter instantanément et se désaimanter ensuite brusquement par
l'interruption du courant. On donne le nom *d'électro-
aimants* aux aimants temporaires obtenus de cette façon. Dans les mêmes conditions, un barreau d'acier
s'aimante également à l'établissement du courant, mais
ne se désaimante pas à la rupture.

Considérons un barreau de fer doux NS sur lequel on
enroule un fil conducteur. Quand on fait entrer le courant d'un côté, puis de l'autre, les pôles de l'aimant sont

changés, comme le montrent, fig. 20, les deux électro-aimants marqués 1 et 2.

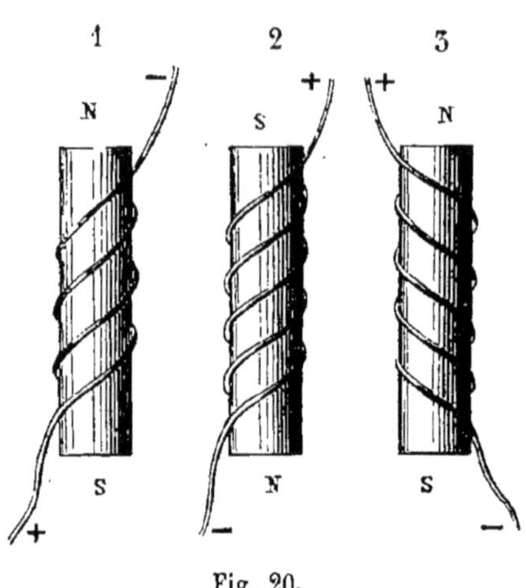

Fig. 20.

Faisant entrer le courant du même côté, on peut encore changer les pôles en enroulant le fil de gauche à droite (1) ou de droite à gauche (3); l'hélice est dite *dextrorsum* dans le premier cas, et *sinistrorsum* dans le second, ce que montrent les électro-aimants 1 et 3, fig. 20.

Pour fixer les idées, rappelons que les tire-bouchons et les vis ordinaires sont des hélices dextrorsum.

La loi générale de ce phénomène est la suivante :

Dans les hélices dextrorsum, le pôle sud ou boréal S de l'électro-aimant est du côté par lequel entre le courant, c'est-à-dire du côté du pôle positif de la pile,

Dans les hélices sinistrorsum, au contraire, le pôle

nord ou austral de l'électro-aimant N *est du côté de l'entrée du courant.*

39. — La forme qu'on donne le plus généralement aux électro-aimants est celle d'un fer-à-cheval ou de deux cylindres parallèles vissés à une lame prismatique, voir fig. 21 et fig. 24. Sur chacun de ces cylindres ou branches, se place une bobine en bois ou en laiton sur laquelle s'enroule le fil de cuivre rouge recouvert de soie que doit parcourir le courant. On pourrait, à la rigueur, dans quelques cas, employer du fil de cuivre recouvert de coton ; mais son volume étant plus considérable que celui du fil de soie, les bobines en contiennent un moindre nombre de tours, ce qui empêche d'obtenir l'intensité d'aimantation suffisante pour faire marcher les appareils télégraphiques ordinaires ; on ne peut pas d'ailleurs augmenter le diamètre des bobines, parce que les dernières spires se trouveraient à une trop grande distance du fer pour exercer une action efficace sur l'aimantation. La fig. 21 montre dans quel sens le fil doit être enroulé sur les deux branches de l'électro-aimant, pour produire aux deux extrémités des pôles de nom contraire ; on voit que le sens d'enroulement, en supposant l'électro-aimant ramené à la forme droite, est le même dans toute la longueur ; s'il en était autrement, si le sens d'enroulement était changé, l'électro-aimant aurait trois pôles, dont deux de même nom N aux deux extrémités, et un de nom contraire S dans la

4.

partie moyenne au point de changement de sens du courant; dans ce cas, l'action attractive des deux pôles sur l'armature A serait moindre que dans celui de la figure 21.

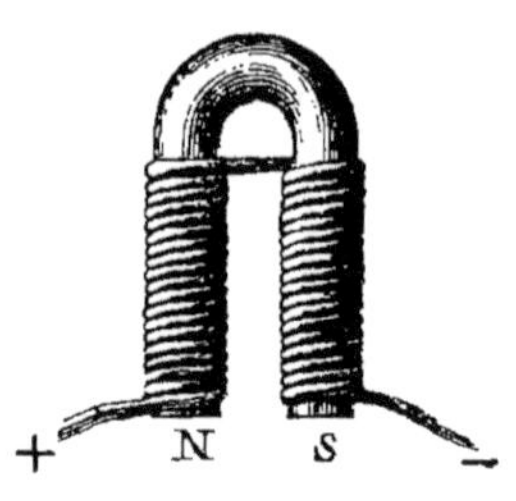

Fig. 21.

Pour obtenir une aimantation suffisante à une distance considérable, il faut mettre sur les électro-aimants un très-grand nombre de tours de fils, jusqu'à 12,000 par bobine; c'est le nombre moyen dans les récepteurs alphabétiques et les relais d'appareil Morse; on comprend donc que le fil enroulé doit avoir un très-petit diamètre; dans les appareils fonctionnant à courte distance, comme les sonneries trembleuses ou les récepteurs Morse, on emploie du fil moins fin, parce qu'un moindre nombre de tours de fil suffit.

Le maximum théorique d'aimantation correspond à l'égalité de la résistance du fil placé sur l'électro-aimant et de celle du reste du circuit, soit le fil conducteur et la pile.

X

COURANTS D'INDUCTION

Courants induits par les aimants.

40. — Nous avons vu qu'un courant peut produire un aimant ; inversement un aimant peut donner naissance à un courant. C'est à M. Faraday, célèbre physicien anglais, qu'est due cette découverte. Soient, fig. 22, B, une bobine formée d'un fil métallique recouvert de soie et faisant un grand nombre de tours ; G, une boussole où viennent aboutir les deux extrémités du fil de la bobine ; A, un aimant dont les pôles sont désignés par les lettres N et S. Si l'on approche brusquement le pôle N de l'aimant de la bobine, et qu'on le maintienne dans une position fixe, on voit l'aiguille de la boussole dévier et revenir ensuite à sa position de repos ; si ensuite on éloigne l'aimant, on voit l'aiguille dévier en sens contraire de la première déviation et revenir encore à sa position de repos.

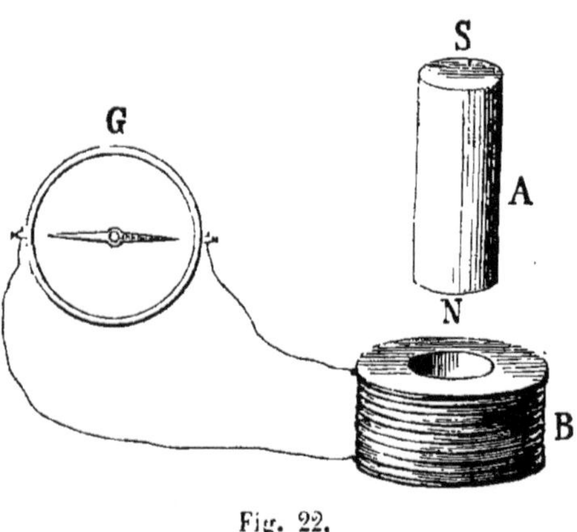

Fig. 22.

Si au lieu de faire agir le pôle N de l'aimant, on fait agir le pôle S, les phénomènes subsistent, mais les courants sont de sens inverse.

Les courants momentanés obtenus dans ces expériences sont appelés *courants induits*.

Courants induits par les courants.

41. — Si on enroule parallèlement sur une bobine deux fils recouverts de soie, et que les deux extrémités de l'un soient réunies à une boussole, tandis que celles de l'autre sont mises en communication avec les pôles

d'une pile, on observera, chaque fois que le circuit de la pile sera fermé, une déviation de l'aiguille et un retour presque immédiat à son point de départ, et, à chaque ouverture du circuit de la pile, une déviation en sens contraire de la première indiquant comme elle le passage d'un courant instantané. Ces deux courants instantanés sont encore des *courants induits* par la fermeture et la rupture d'un courant voisin, sans aucune communication métallique.

On appelle *courant inducteur* celui qui, par ses fermetures et ouvertures, induit un courant dans un circuit voisin.

Le courant induit de rupture est de même sens que le courant inducteur, et l'énergie de ces courants est considérablement augmentée par l'introduction de la bobine, d'un barreau de fer, ou d'un faisceau de fils de fer.

Machines d'induction.

42. — La première machine d'induction proprement dite est due à Pixii, constructeur français.

Dans cet instrument, les courants induits sont produits par un aimant tournant en face des extrémités d'un fer-à-cheval en fer doux, sur les branches duquel est enroulé un fil dans lequel s'induisent des courants successifs.

Cet appareil à reçu dans sa forme quelques modifications de Clarke; mais c'est à tort qu'on lui a ôté le nom de son véritable inventeur Pixii.

C'est au moyen d'instruments de ce genre que M. Wheatstone a fait fonctionner des télégraphes à cadran alphabétique qui ont fonctionné d'une manière parfaitement régulière sur la ligne de Paris à Saint-Germain.

Nous-même, en collaboration avec M. Masson, avons construit un instrument dans lequel des courants sont induits par des courants de pile. Voir notre Mémoire *Annales de Chimie et de Physique*, 3e série, t. IV, p. 129. Cet instrument a reçu d'importants perfectionnements de M. Delarive, de M. Fizeau et d'autres physiciens. Construit par l'habile M. Ruhmkorff, il est devenu une machine d'un usage très-facile et très-utile et remplace presque toujours avantageusement l'ancienne machine électrique.

Propriétés des courants induits.

43. — Tous les phénomènes que produisent les courants de pile peuvent être aussi obtenus avec les courants d'induction. On peut échauffer les conducteurs résistants, aimanter des barreaux d'acier ou de fer doux, ou même décomposer l'eau et une foule d'autres substances; mais pour obtenir ces décompositions, il faut donner aux deux courants successifs la même direction au moyen d'un commutateur particulier dont sont munis les appareils de Pixii.

Les courants induits produisent en outre la plupart des phénomènes qu'on obtient au moyen des machines électriques à plateau de verre; ils donnent des étincelles aussi belles et des secousses d'une aussi grande violence.

XI

DE LA TERRE EMPLOYÉE COMME PORTION DE CIRCUIT

44. — Nous avons défini le *circuit* d'un courant électrique ; c'est l'ensemble formé par la pile et les différents corps qui servent de conducteur à l'électricité, l'ensemble des parties dans lesquelles se produit le phénomène auquel on donne le nom de courant électrique.

On a constaté depuis longues années qu'une décharge ou un courant électrique peut se transmettre à travers une rivière ou le sol.

M. Steinheil de Munich établit, en 1837, un télégraphe électrique en remplaçant la moitié du circuit métallique par la terre, de telle sorte que, au lieu de deux fils métalliques placés entre les deux stations, il n'y en avait qu'un seul dont les extrémités étaient plongées dans la terre ou reliées à des plaques d'une étendue plus ou moins grande qu'on appelle *électrodes*.

Une expérience de près de vingt années montre aujourd'hui qu'on peut à toute distance employer la terre pour *fil de retour* et qu'un nombre quelconque de correspondances et de transmissions de courants peuvent se faire simultanément, sans confusion aucune, par l'intermédiaire de la terre.

Cette découverte importante a réduit dans une énorme proportion la dépense d'établissement des lignes télégraphiques et a par là beaucoup contribué à leur rapide développement.

45. — Le phénomène de la transmission du courant par la terre a été étudié par plusieurs physiciens. M. Matteucci a d'abord mesuré la résistance de différentes parties du sol : argile grasse, argile légère d'alluvion, terre cultivée, sable à gros grains; qu'il a tr uvée d'autant moindre que ces matières étaient plus humides.

Il a ensuite comparé la résistance de ces couches isolées et faisant partie du sol; elle a été trouvée moindre dans ce dernier cas.

Il a enfin montré que la résistance d'une couche de terre intercalée dans le circuit est d'autant moindre qu'elle est plus étendue; à l'inverse de ce qui arrive pour les conducteurs ordinaires.

C'est ce dernier fait, vérifié depuis un grand nombre

de fois, qui a fait douter que, dans cette circonstance, la terre jouât le rôle de conducteur proprement dit; un grand nombre de physiciens pensent qu'elle est un réservoir dans lequel vont se perdre, d'une part, l'électricité du pôle positif de la pile, d'autre part, celle du pôle négatif, sans qu'il y ait nécessairement recomposition entre ces deux électricités.

M. Matteucci a montré qu'à une distance de quelques kilomètres la résistance de la terre est nulle. Nous-même avons, en 1845, répété ces expériences et vérifié ces résultats sur une ligne très-étendue, celle de Paris à Rouen (137 kilom.).

46. — Nous avons montré en même temps que sur une aussi grande distance l'étendue des électrodes est sans influence sur la résistance du circuit; nous n'avons trouvé aucune différence en faisant usage d'électrodes variant depuis un fil de 2 $_m/^m$ jusqu'à une plaque de 2 mètres de surface.

M. Matteucci a observé de même entre Pise et Florence que l'intensité du courant était très-peu changée en employant pour électrodes des fils de 1 $_m/^m$, 5 de diamètre ou des lames de cuivre de 0^m,525.

Au contraire, à de courtes distances, l'étendue des électrodes a une influence notable sur la force du courant, qui augmente avec elle; ce fait, annoncé par Steinheil, a été démontré d'une manière absolument satisfaisante par M. Matteucci. Dans ce cas, il y a généralement aussi avantage à enfoncer plus profondément les électrodes dans le sol, tout en leur conservant la même étendue.

47. — Dans le discours il est plus commode de considérer la terre comme un conducteur d'une résistance variable suivant les circonstances où on est placé, comme nous l'avons fait dans les explications précédentes; mais nous n'entendons pas nous prononcer pour cette manière de voir et condamner l'autre explication du phénomène, qui consiste à admettre que la terre est un réservoir dans lequel vont se perdre les deux électricités.

Quelques expériences de M. Faraday, reproduites et étendues par M. Wheatstone, donnent une grande probabilité à la dernière hypothèse.

Trois galvanomètres a, b, c, semblables, étaient placés aux deux extrémités et au milieu d'un fil souterrain très-long (dans un cas, 660 milles anglais); le galvanomètre c était mis en communication avec la terre, de même que le pôle négatif d'une pile; quand ensuite on mettait en communication le pôle positif de cette pile avec le galvanomètre a, on voyait dévier son aiguille; celle du galvanomètre b déviait ensuite, et enfin, en dernier lieu, celle de c; si au contraire le galvanomètre a était mis d'abord en communication avec la pile et le galvanomètre c, isolé de la terre, au moment où on fermait le circuit en ce dernier point, on voyait les galvanomètres dévier successivement en commençant par *c*, c'est-à-dire dans l'ordre inverse du cas précédent.

Dans une seconde série d'expériences, on ne faisait plus usage de la terre pour fermer le circuit; les deux moitiés du fil étaient réunies chacune à l'un des pôles de la pile, et les galvanomètres étaient placés comme précédemment. Quand on fermait le circuit près d'un des galvanomètres extrêmes, on les voyait dévier tous deux simultanément et immédiatement, tandis que celui du milieu ne déviait que plus tard ; quand, au contraire, le circuit était fermé près du galvanomètre *b*, il déviait le premier, et les deux autres ensemble un instant plus tard.

En comparant ces deux séries d'expériences, on voit que la terre ne se comporte pas comme un conducteur ordinaire d'une faible résistance [1].

[1] Voir, à ce sujet, n° 92 du présent ouvrage, des expériences de Faraday faites avec l'appareil électro-chimique de Bain. — *Annales télégraphiques*, t. Ier, novembre-décembre 1858 : Résumé des travaux faits pour déterminer la vitesse de l'électricité dans les conducteurs aériens et sous-marins, par M. E. Gounelle. — *Annales de chimie et de physique*, 3ᵉ série, t. XLI, mai 1854 : Expériences de M. Faraday (extrait par M. Verdet). — *Annales de chimie et de physique*, 3ᵉ série, t. XLVI, janvier 1856 : Expériences de M. Wheatstone.

XII

VITESSE DE PROPAGATION DE L'ÉLECTRICITÉ

48. — Nous ne croyons pas pouvoir nous dispenser de dire ici quelques mots de cette importante question, sur laquelle les expériences de M. Faraday ont jeté un grand jour. Il a prouvé que la propagation de l'électricité dans les câbles sous-marins ou souterrains est beaucoup moins rapide que dans les fils aériens, ce qu'il explique par l'influence des conducteurs voisins du fil[1]. Le tableau suivant contient les mesures de cette vitesse, données par différents physiciens, et qui montrent que cet élément varie avec différentes cir-

[1] Voir n° 92.

cons'ances qui ne sont pas encore toutes bien connues.

OBSERVATEURS.	VITESSE EN KILOMÈTRES par seconde.	
	DANS LE CUIVRE.	DANS LE FER.
Wheatstone (1834).	460,000	»
Walker (Amérique, 1849).	»	30,000
Mitchell (*idem*)..	»	46,000
Fizeau et Gounelle.	180,000	100,000
Télégraphe de Londres à Bruxelles (fil en grande partie plongé dans la mer).	4,350	»
Télégraphe de Londres à Édimbourg.	12,250	»
Guillemin et Burnouf..	»	180,000

Pour l'étude de cette question nous renverrons aux Mémoires cités au paragraphe précédent et au *Traité d'Électricité* de M. Gavarret, tome II, page 394.

DEUXIÈME PARTIE

—

DESCRIPTION DES APPAREILS TÉLÉGRAPHIQUES

—

I

SYSTÈME ALPHABÉTIQUE DE BRÉGUET.

Récepteur.

49. — L'appareil est représenté dans son ensemble
par la figure 23. Le cadran porte les 25 lettres de l'alphabet, qui, avec la croix, font 26 signaux différents,
auxquels correspondent 26 positions de l'aiguille. On
verra plus loin comment le mécanisme de l'instru-

ment permet à l'aiguille de s'arrêter au milieu de l'une quelconque de ces divisions

Au repos, l'aiguille doit toujours être à la croix, comme dans la figure 23. Cette position est celle d'où on part et à laquelle on doit toujours revenir.

Fig. 23.

Dans la transmission d'une dépêche, l'aiguille, parcourant rapidement le cadran, de gauche à droite sans jamais rétrograder, fait un temps d'arrêt sur chacune des lettres composant la dépêche et sur la croix, à la fin de chaque mot, pour le séparer bien nettement du suivant. Il faut suivre l'aiguille de l'œil et saisir ses temps

d'arrêt, quoiqu'ils soient fort courts ; c'est à quoi on
arrive par une pratique de quelques jours[1].

50 — La figure 24 représente l'ensemble de la der-

Fig. 24.

nière disposition donnée à l'instrument. Il est vu par der-

---

[1] On construit pour certains pays, l'Espagne, la Turquie, etc.,
des appareils portant un nombre de lettres plus grand que ceux
employés en France ; les explications relatives au télégraphe français s'appliquent parfaitement à ces instruments.

5.

rière, et l'aiguille est cachée par le cadran *cc*. La figure 25 fait voir en détail les parties les plus importantes.

L'armature N en fer doux est portée par les deux vis *v*, *v'*, de telle sorte qu'elle peut osciller autour de la ligne *vv'* de suspension. La tige *t* liée à l'armature oscille avec elle, et vient buter de côté et d'autre sur les vis de réglage *r*, *r'*, au moyen desquelles on peut varier les limites du mouvement de l'armature. Quand l'appareil est au repos, le petit ressort boudin R tend à maintenir constamment la tige *t* appuyée contre la vis *r*.

Si un courant vient à passer dans les bobines de l'électro-aimant E, l'armature se trouve attirée et s'approche de l'électro-aimant autant que possible, c'est-à-dire jusqu'à ce que la tige *t* de l'armature vienne buter contre la vis *r'*. Si ensuite le courant est interrompu, l'attraction qu'exerçait l'électro-aimant sur l'armature cesse, le ressort R, qui n'a pas cessé d'agir, mais qui a cédé sous l'action plus forte de l'aimantation, entraîne l'armature et lui fait faire un second mouvement en sens inverse du premier. Il est souvent nécessaire d'augmenter ou de diminuer la force du ressort R : on y arrive en tournant dans un sens ou dans l'autre l'axe du limaçon L (fig. 24), ce qui produit un mouvement du levier *ll*, à l'extrémité duquel est attaché le ressort boudin R. Cet axe traverse le cadran et la face antérieure de la boîte, de telle sorte qu'on peut (fig. 25), au moyen d'une petite clef dite de *réglage*, tendre ou détendre le ressort sans démonter la boîte; une petite aiguille portée par la clef se meut devant le cadran de réglage et permet d'apprécier de combien on agit sur le ressort. Le rouage [1] maintenu par les platines PP est un mouvement de pendule ordinaire. Il se compose d'un barillet qui contient le ressort moteur, et de trois mobiles qui transmettent son action à une dernière roue dite *roue d'échappement*, à cause de sa fonction que nous allons expliquer. C'est sur l'axe même de cette roue, prolongé au travers du cadran *cc*, qu'est placée l'aiguille indicatrice. Voir fig. 25 et 26.

La roue d'échappement est double, c'est-à-dire qu'elle est composée de deux roues juxtaposées de telle façon, que les 13 dents de l'une sont juste au milieu des intervalles des 13 dents de l'autre. Ces 26 dents, en nombre égal aux lettres du cadran, viennent buter sur la petite pièce d'acier *p*, dite *palette d'échappement*, qui arrête le rouage. Cette palette est portée par un axe *aa'*, qui porte également une fourchette X; dans cette fourchette entre une cheville horizontale portée par la tige *t*, et par laquelle les mouvements de l'armature sont transmis à la palette *p*. Supposons l'appareil au repos (fig 25), la dent 1 est en prise sur la palette *p*, et l'aiguille est en

[1] La figure 40, nº 76, qui représente l'appareil français à double aiguille, montre, à découvert, un mouvement d'horlogerie, presque semblable à celui du récepteur alphabétique.

face de la croix, dans la position verticale. Si l'armature, attirée par l'électro-aimant, fait un mouvement d'arrière en avant, la palette, faisant un mouvement semblable, glisse sur la dent 1 et la laisse échapper ; le rouage se met en marche, mais la palette, qui est venue se placer

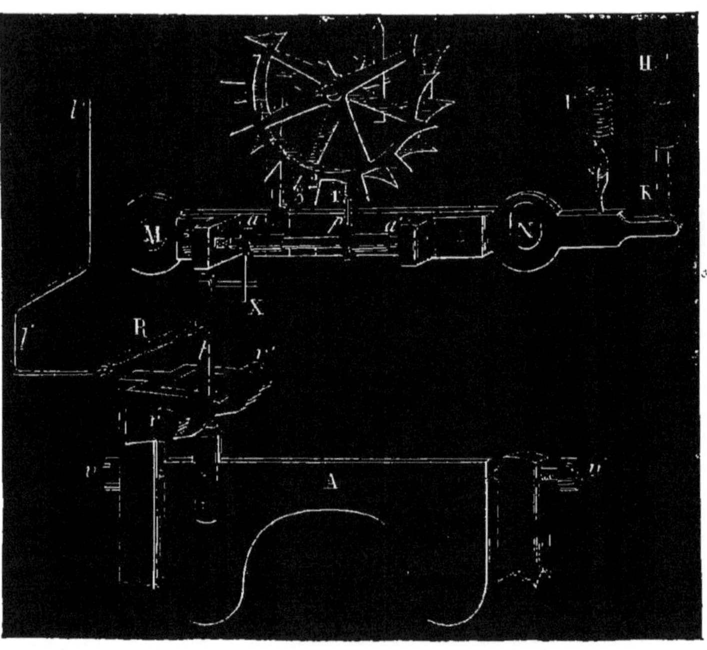

Fig. 25.

dans le plan de la roue de devant, arrête la dent 2. La figure 26 représente cette nouvelle position de l'échappement. On voit que la roue a avancé de $\frac{1}{26}$ de tour et par conséquent l'aiguille d'une lettre : elle était au début en face de la croix ; elle est maintenant sur l'A.

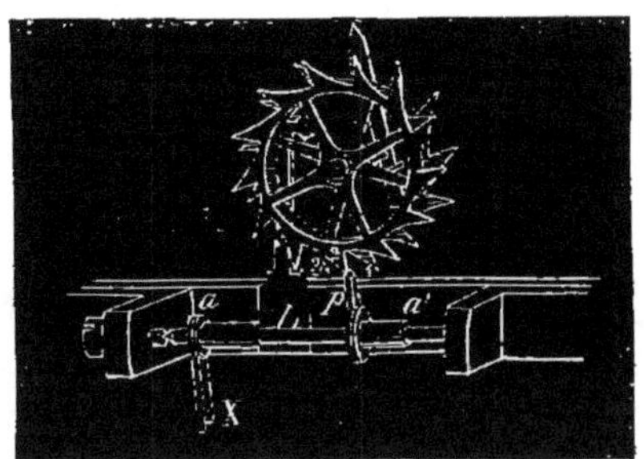

Fig. 26.

Si maintenant l'armature, cessant d'être attirée par l'électro-aimant, fait un nouveau mouvement d'avant en arrière, la palette p laisse échapper la dent 2 et vient arrêter la dent 3 ; la roue a avancé de nouveau de $\frac{1}{26}$ de tour et l'aiguille est sur le B. On voit ainsi que, par une série d'envois et d'interruptions du courant, on fera prendre à l'aiguille les 26 positions correspondant aux 26 signes du cadran ; il est important de noter que l'interruption du courant correspond à la croix ou aux chiffres pairs, et le passage du courant aux chiffres impairs.

51. — Il est souvent nécessaire, quand l'aiguille est arrêtée en un point quelconque du cadran, de la faire avancer et de l'amener rapidement à la croix (sans envoi de courant) ; une disposition très-simple permet

d'obtenir ce résultat. L'axe aa' est porté par une pièce de cuivre MN qui peut pivoter autour de son support M, et dont le jeu est borné par la vis N. Cette pièce MN est maintenue par le ressort boudin U dans la position de la figure 25, mais on peut l'abaisser au moyen de la tige HK et lui faire prendre la position de la

Fig. 27.

figure 27. Il faut remarquer que, dans la figure 25, l'échappement est vu par devant, ou du moins comme dans la figure 24, tandis que dans la figure 27 il est vu par derrière. La roue d'échappement, n'étant plus alors en prise sur la palette p, se met en mouvement et ne s'arrête que quand la goupille I vient buter sur la pièce d'arrêt o, portée par la pièce MN. La goupille I est placée sur la roue d'échappement de telle façon que, quand elle est en prise sur l'arrêt o, l'aiguille indicatrice est dans une position très-voisine de la verticale, et la dent 1 très-près de la palette p; quand la pièce MN reprend sa position horizontale, la goupille I échappe de l'arrêt o, la palette p vient arrêter la dent 1, et l'aiguille indicatrice se trouve en face de la croix. Le bouton H correspond à un autre bouton extérieur à la boîte (fig. 23), au moyen duquel on peut ramener l'aiguille à la croix sans ouvrir l'appareil.

Manipulateur.

52. — L'appareil est représenté par la figure 28. On voit sur une planche en bois de forme carrée un cadran de laiton monté sur trois colonnes ou piliers. Sur ce cadran sont gravés les lettres et des chiffres disposés de la même manière que dans le récepteur ; à chaque lettre correspond une échancrure à la circonférence du cadran ; une manivelle est articulée au centre sur un axe qu'elle entraîne dans son mouvement ; elle porte une dent qui peut entrer dans les échancrures du cadran et qui sert à bien fixer sa position en face des différentes lettres. L'axe de la manivelle porte une roue à rainure sinueuse qui est cachée par le cadran, et que la figure montre dans la partie où le cadran a été supprimé. Le levier ll' pivote autour de l'axe o ; l'un de ses bras porte à son extrémité une petite tige sur laquelle roule un galet en acier trempé ; quand la roue tourne avec la manivelle, le galet, qui entre dans la

rainure sinueuse, passe constamment d'une partie rentrante à une partie saillante ou inversement, et par
conséquent s'approche et s'éloigne du centre par un

Fig. 28

mouvement de va-et-vient ; comme la roue sinueuse a
treize parties rentrantes et treize saillantes, le levier
fera 26 mouvements par tour de manivelle, desquels il
résulte que le ressort l' vient s'appuyer successivement

sur les extrémités des vis p et p' ; quand la manivelle
est sur les nombres impairs, le levier est dans la position représentée par la figure ; quand elle est sur les
nombres pairs, le levier est du côté de p. Les lignes
pointillées indiquent la position des conducteurs en
laiton placés sous la planche du manipulateur et servant à réunir métalliquement les différents boutons
p et R, p' et c, E et E' avec ll' ; l'utilité en sera indiquée
plus loin.

Fonction des appareils.

53. — Il nous reste à expliquer comment ces dispositions permettent de produire une série d'envois et
d'interruptions de courant faisant marcher le récepteur.

Le pôle cuivre de la pile est relié avec le bouton C du
manipulateur, qui lui-même communique avec p', par
une bande de laiton placée au-dessous de la planche en
bois ; supposons le levier ll' en contact avec la vis p', il
pivote en o sur un des supports du cadran et communique ainsi avec la touche E (qu'on appelle touche d'envoi
et réception), sur laquelle le commutateur de ligne doit
être placé quand on veut correspondre ; le courant est de
cette façon conduit au fil de ligne qui aboutit en L et
le suit jusqu'au récepteur correspondant qu'il traverse ;

après quoi il est conduit à la terre, qui fait fonction de fil de retour, et revient à la pile, dont le pôle zinc est réuni aussi à la terre.

Le circuit est donc complet chaque fois que le levier l' du manipulateur est amené à toucher p', ce qui arrive quand la manivelle est sur un chiffre impair, et par suite l'armature de l'électro-aimant est attirée; chaque fois, au contraire, que le levier est écarté de p', ce qui arrive quand la manivelle est sur un chiffre pair, l'armature cesse d'être attirée par l'électro-aimant.

Si donc on tourne la manivelle du récepteur : à chaque passage d'une lettre à la suivante, il y aura fermeture ou ouverture du circuit, et, par suite, un mouvement de l'armature, produisant un échappement; par conséquent, l'aiguille avancera d'une dent de la double roue d'échappement, c'est-à-dire de $\frac{1}{26}$ de tour ou d'une lettre.

Toutes ces différentes actions se passent dans un temps très-court, car la propagation de l'électricité dans le fil de ligne est très-prompte, l'aimantation du fer doux est immédiate, comme sa désaimantation, et enfin le rouage est très-prompt à se mettre en mouvement; il en résulte que, même en tournant très-rapidement la manivelle du manipulateur, l'accord persiste entre elle et l'aiguille du récepteur, surtout si le mouvement est régulier.

Il y a cependant une vitesse qu'on ne peut pas dépasser, à cause du temps nécessaire à l'armature pour se mouvoir, et de celui nécessaire à la mise en mouvement du rouage qui s'arrête à chaque instant. La vitesse de deux tours de cadran par seconde est à peu près la plus grande qu'on puisse atteindre.

Nous l'avons déjà dit en parlant de la pile Daniell : avec 10 ou 15 éléments on a pu faire marcher ces appareils à 40, 50 et même 75 lieues de distance.

Enfin, si la manivelle rétrograde d'une ou deux lettres, elle produit une ou deux vibrations de l'armature, et, par conséquent, l'aiguille du récepteur avance de une ou deux lettres ; l'accord cesse donc entre les appareils ; on voit ainsi pourquoi il est absolument nécessaire, dans la manipulation, de tourner toujours dans le même sens.

Avant d'entrer dans de plus grands détails sur ces deux instruments, nous décrirons les appareils accessoires qui entrent dans la composition d'un poste télégraphique ordinaire.

Appareils accessoires.

La pile et la boussole ont été décrites en détail dans la première partie, aux n°s 4 et 13. Nous reportons la description du paratonnerre après l'explication du montage des postes, n° 68.

54. — Le commutateur de pile est représenté par la figure 29. Au centre d'un disque rond en bois est placé un axe, sur lequel on fait tourner la lame de cuivre l au

moyen de la poignée P. L'axe, et, par conséquent, la lame
l, communiquent au bouton D, qu'on relie au manipulateur; aux trois touches 10, 15, 20, aboutissent des fils

Fig. 29.

venant du pôle cuivre des dixième, quinzième, vingtième
éléments de la pile (voir planche I le commutateur et la
pile); on voit donc que le circuit, placé entre le bouton
D et le pôle zinc de la pile, sera parcouru par le courant
de 10, 15 ou 20 éléments, suivant qu'on mettra la lame
l sur l'une ou l'autre des trois touches.

On donne souvent à cet appareil le nom impropre de
Régulateur de pile.

Sonnerie à rouage.

55. — Cet instrument est représenté par les figures 30 et 51. La figure 30 est une vue de derrière; EE est
l'électro-aimant et A l'armature, qui est suspendue en V
par deux vis de la même façon que celle du récepteur;
la tige t de l'armature porte à son extrémité un petit
ressort plat, qui est le *ressort antagoniste* à l'aimantation et qu'on peut tendre plus ou moins au moyen de la
vis de réglage h; sur l'extrémité de cette tige vient
s'appuyer le bras de levier l, qui est poussé de haut en
bas par un ressort plat; la tension de ce ressort peut
se régler au moyen de la vis k. Ces ressorts plats rem-
placent aujourd'hui les ressorts boudins en cuivre qui
étaient employés dans les différents modèles de sonnerie construits jusqu'à ces derniers temps.

La figure 51 montre la face antérieure de l'instrument.
B est l'axe du barillet du ressort moteur; D est un disque
qui porte excentriquement une petite tige munie d'un
galet G ; lorsque le rouage est en mouvement, ce galet,
glissant dans la rainure faite à la queue du marteau m,
le fait osciller à droite et à gauche et lui fait frapper le
timbre T. Le rouage est mis en mouvement quand,
(fig. 50) l'armature étant attirée, le levier l tombe
dans la position marquée en pointillé et entraine

dans son mouvement la pièce N (fig. 31), qui pousse le ressort R et décroche l'arrêt a par lequel seul est retenu

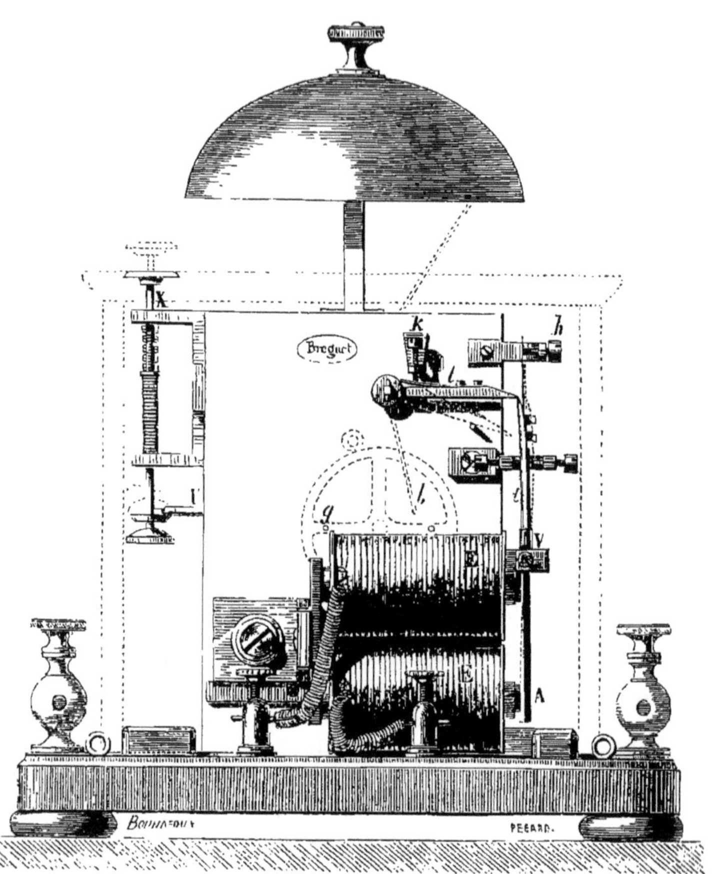

Fig. 50.

le rouage. Une des roues porte vers sa circonférence (fig. 30) une goupille g qui, dans le mouvement du rouage, vient soulever un bras b porté par l'axe commun

du levier l et de la pièce N; ce qui a pour effet de remonter le levier l et de le remettre en prise sur la tige

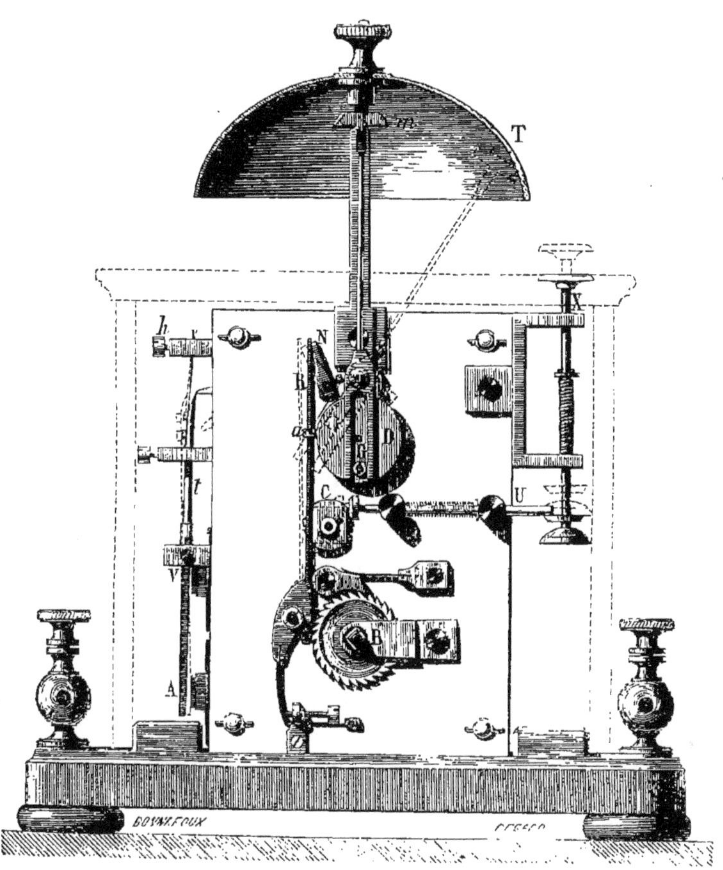

Fig. 31.

de l'armature dans la position primitive. Pour prolonger
l'action du rouage sur le marteau, on a disposé sur l'un
des mobiles une pièce C assez analogue au chaperon des

pendules, qui maintient pendant un demi-tour de son axe le grand ressort R écarté, et l'empêche de venir arrêter le mouvement au moyen de la pièce *a*.

56. — Il peut arriver que, la sonnerie ayant fait sa fonction, la personne qu'elle est destinée à appeler soit absente et ne l'entende pas; il convient alors qu'un signe très-apparent se produise et persiste, qui montre à l'employé à son retour qu'il a été appelé.

Le plus souvent il y a dans un poste plusieurs sonneries, et le signe dont nous parlons, et qu'on appelle le *répondez*, sert encore à distinguer quelle est celle des sonneries qui appelle.

La tige X est, en temps ordinaire, en prise par sa partie inférieure sous la pièce U, qui la maintient abaissée dans la position qu'indique la figure; mais, quand le disque D se met à tourner, l'arrêt *a* entraine la tête de la pièce U et décroche la tige X du répondez; sous l'action du ressort boudin qui l'entoure, cette tige s'élève hors de la boite de la sonnerie dans la position figurée en pointillé.

57. — La figure 52 représente la disposition des sonneries qui, pendant ces dernières années, ont été les seules employées en France. La différence principale est dans la disposition qui fait frapper le marteau sur le timbre; la bielle B est attachée par un bout à la queue *o* du marteau, de l'autre à une vis placée excentriquement sur le disque E, qui, dans sa rotation, com-

munique un mouvement de va-et-vient à la bielle, et, par
suite, au marteau.

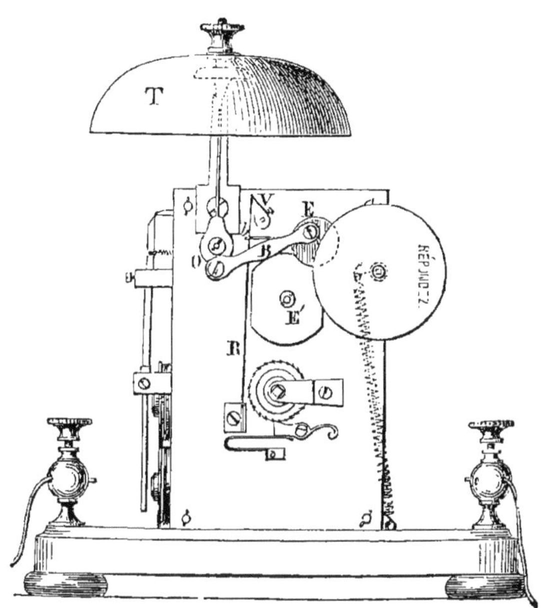

Fig. 32.

La disposition du répondez est également un peu différente : dans la position de repos le disque portant le
mot RÉPONDEZ est dans la position figurée, et la boîte ne
permet pas de le voir; mais, à chaque fois que la sonnerie fonctionne, ce disque tourne autour de son centre,
et le mot RÉPONDEZ, venant prendre la position horizontale, se présente devant un petit trou ovale pratiqué à
la boîte et au travers duquel on le voit.

6

Montage des postes.

Il y a des postes de plusieurs genres :

1° Ceux dits *tête de ligne*, auxquels n'aboutissent qu'un seul fil et qui, par conséquent, ne communiquent que dans une seule direction;

2° Ceux dits *intermédiaires*, auxquels aboutissent deux fils et qui communiquent dans deux directions;

3° Ceux auxquels aboutissent trois ou un plus grand nombre de fils et qu'on appelle *poste à trois, quatre directions*, etc.

58. — La planche I montre à la fois la disposition d'un poste de tête et d'un intermédiaire, que nous appellerons, pour fixer les idées, Paris et Étampes.

Le second ne contient qu'une pile et qu'un manipulateur, qui lui servent à transmettre des dépêches dans l'une ou dans l'autre direction, et, comme il n'a qu'un seul récepteur, il ne peut transmettre ou recevoir que d'un côté à la fois. Les deux sonneries sont nécessaires pour qu'on sache par quelle direction on est appelé, et les deux boussoles pour donner chacune des indications sur l'état de la ligne correspondante. Le manipulateur du poste de tête est semblable à celui du poste inter=médiaire; seulement dans le premier on ne fait usage que d'un seul côté, que d'un seul commutateur de ligne.

Supposons que le poste de Paris attaque; il place sa manette sur la touche E, et, comme nous l'avons expliqué au n° 53, chaque fois que le levier vient toucher la touche p', le courant suit le fil L (sa marche est indiquée par des flèches), traverse la boussole B et la ligne télégraphique jusqu'à la station d'Étampes, dans laquelle le courant entre par la boussole et arrive au commutateur L' du manipulateur; si la manette est sur la touche E', le courant va par le levier l jusqu'au contact p, qui est réuni métalliquement au bouton R, comme le montre la figure 28; de R part un fil qui va au bouton droit du récepteur; le courant traverse donc le fil de l'électro-aimant du récepteur, et, sortant par le bouton gauche, suit le fil T, qui communique à la terre, par laquelle le circuit est complété, car le pôle zinc de la pile de Paris est mis en communication avec la terre. On comprend maintenant, en se reportant aux explications que nous avons données au n° 53, comment les mouvements de la manivelle du manipulateur de Paris produiront des mouvements semblables dans l'aiguille du récepteur d'Étampes.

59. — Il est très-important de se rendre bien compte de la fonction particulière de chacune des pièces p et p', qu'on appelle les contacts du manipulateur. En se reportant à la marche du courant dans le poste attaquant, on voit que le contact p' sert à l'envoi du courant, tandis que le contact p paraît sans utilité; au contraire, dans le poste recevant, le contact p sert seul, mais il ne sert qu'au passage du courant dans le manipulateur, dont nous n'avons pas encore montré la nécessité ; nous allons l'exposer.

Si pendant la transmission d'une dépêche de Paris à Étampes, cette dernière station, soit faute d'en avoir bien compris quelques mots, soit pour toute autre cause, a besoin d'interrompre, elle tourne la manivelle de son manipulateur ; or comme, en transmettant, le manipulateur de Paris amène à tout instant son levier en contact avec sa touche p, il se rencontrera que le courant envoyé par le manipulateur d'Étampes passera par ce contact, et par suite dans le récepteur de Paris : donc l'employé comprendra qu'il est interrompu. Pendant cette manœuvre l'accord entre les manipulateurs et les récepteurs est rompu, et il convient de le rétablir en ramenant d'abord les deux manivelles des manipulateurs à la croix, puis les aiguilles des récepteurs en poussant le bouton extérieur à la boîte du récepteur dont nous avons parlé en détail au n° 51. Après l'interruption le poste de Paris laisse celui d'Étampes lui dire pourquoi il *a coupé la dépêche* et continue ensuite sa transmission ; en général le poste recevant interrompt faute d'avoir compris les derniers mots transmis ; il écrit alors le mot *répétez* en abrégé, par la première et la dernière lettre R, Z, qu'il fait suivre du dernier mot compris.

Emploi des appareils.

60. — On vient de voir que quand un poste transmet ou reçoit, la manette L du manipulateur doit être placée sur la touche E, appelée pour cette raison *touche d'envoi et réception;* mais, dans le cas de repos ou d'attente, elle doit être sur la touche S, qui communique au bouton droit de la sonnerie, de manière que si un courant arrive par la ligne, il passe dans la sonnerie, et, la faisant fonctionner, appelle l'attention de l'employé. (Voir planche I; la station d'Étampes est *sur l'attente,* côté droit du manipulateur.) Le poste qui attaque était d'abord dans la position d'attente, ou, comme on dit, *sur sonnerie;* pour attaquer il doit se mettre *sur envoi et réception,* c'est-à-dire sur la touche E, et faire un tour de manivelle qui fait marcher la sonnerie du poste correspondant. L'employé, ainsi appelé, se met également sur envoi et réception et annonce par un tour de manivelle qu'il est prêt à recevoir.

Il est inutile de dire qu'avant de commencer la correspondance il importe que, dans les deux postes attaquant et attaqué, l'aiguille du récepteur et la manivelle du manipulateur soient sur la croix.

On transmet, comme nous l'avons expliqué, les mots lettre à lettre, en séparant chaque mot par un retour à la croix, et quand la dépêche est terminée on la marque par deux Z suivis de la croix.

L'employé qui a reçu la dépêche en accuse réception par la première lettre du mot *compris*, suivie de deux tours de manivelle.

On a vu au n° 53 pourquoi il est très-important de ne jamais tourner la manivelle en arrière ; si donc par inadvertance on a dans la manipulation dépassé la lettre sur laquelle on devait s'arrêter, il faut faire le tour entier pour y revenir ; l'aiguille du récepteur fait aussi un tour et arrive sans erreur au signe voulu.

Vitesse de transmission. — Avantages du système alphabétique.

61. — Les commençants doivent manipuler avec lenteur et ne pas chercher à faire plus de 20 lettres par minute ; des employés un peu habitués passent facilement 60 lettres par minute ; on arrive même jusqu'à 90 ou 100 lettres, mais cette vitesse ne peut pas être soutenue ; au reste, en ne dépassant pas une vitesse moyenne de 50 à 60 lettres, on évite les répétitions nécessitées par des erreurs de lecture, qui font perdre beaucoup de temps. Il est utile de noter qu'il est plus facile de manipuler vite que de lire ; on le comprend au reste en pensant que dans l'envoi on peut, tout en transmettant une lettre, chercher la place de celle qui doit suivre, tandis que dans la réception on n'a pour saisir chaque lettre que le temps très-court pendant lequel l'aiguille s'arrête en face d'elle.

Le principal avantage que présente le système alphabétique, c'est qu'il n'exige pas d'apprentissage comme le système Morse. Tout individu sachant lire et écrire peut, après une demi-heure d'étude, transmettre une dépêche avec nos appareils. Cet avantage est surtout important dans les petites stations de chemin de fer où on ne peut avoir d'employé spécial pour le télégraphe et où tous les employés, jusqu'à l'homme d'équipe, peuvent être appelés à envoyer ou recevoir une dépêche télégraphique.

Pour manipuler bien on voit donc qu'il faut conduire la manivelle toujours dans le même sens et très-régulièrement, s'arrêter un temps bien marqué sur les lettres à transmettre et ne relever la manivelle qu'après avoir porté d'avance les yeux sur le signal qui doit suivre.

Communication directe.

62. — Si le poste de Paris a une dépêche à transmettre à une station au delà d'Étampes, au lieu de la faire recevoir par Étampes, qui aurait ensuite à la répéter plus loin, il est plus simple de donner la *communication directe*. La station intermédiaire amène ses deux manettes sur la bande de cuivre sur laquelle sont gravés ces deux mots ; le courant passe alors dans le poste sans manifester sa présence autrement que dans les boussoles, dont on voit les aiguilles osciller pendant tout le temps que dure la correspondance. Il est nécessaire que le poste qui demande la communication directe fixe le temps qu'elle doit durer pour que, ce temps écoulé, la station intermédiaire replace ses deux manettes sur sonnerie, c'est-à-dire dans la position d'attente.

Souvent on est obligé de demander la communication directe à plusieurs stations successives, pour transmettre sans intermédiaire une dépêche à une station éloignée.

Usage de la boussole.

63. — 1° Quand on attaque un poste et que ce poste ne répond pas, il faut tourner la manivelle en regardant si l'aiguille de la boussole fait des oscillations ; si elle n'en fait aucune, on doit conclure que le circuit est rompu quelque part ; on examinera avec soin la position des commutateurs, la pile et les conducteurs ; si tout est en bon état on pourra supposer que la rupture est sur la ligne ou plutôt dans le poste correspondant. Pour s'en assurer d'une manière complète, on liera par un fil additionnel la ligne à la terre ; si l'aiguille de la boussole ne dévie pas, le dérangement devra être cherché dans le poste ; si au contraire elle dévie, on pourra affirmer que la rupture du circuit est hors du poste. Il n'y a d'autre ressource alors que d'aller parcourir la ligne et la réparer s'il y a lieu, ou de rechercher dans le poste correspondant l'interruption du circuit qui arrête la correspondance.

2° Quelquefois l'aiguille de la boussole, au lieu de rester immobile ou de dévier de 15° à 20° de la division, comme elle doit faire dans les conditions normales de la transmission, dévie beaucoup plus ; ce cas se présente alors que le fil de la ligne est tombé par terre et que, le circuit de la pile étant plus court, l'intensité du courant marquée par la boussole augmente ; ainsi la rupture du fil de la ligne est indiquée d'une manière très-nette par la boussole toutes les fois que le fil tombe par terre ; ce qui est presque toujours le cas.

Il faut songer cependant que la même indication est donnée par la boussole, si dans le poste correspondant une communication est établie entre la ligne et la terre.

Nous verrons en parlant du paratonnerre, n° 68, que dans les temps d'orage on établit quelquefois une communication de ce genre ; il importe de ne le faire dans aucun autre cas.

Réglage du récepteur.

64. — L'intensité du courant qui traverse le récepteur varie avec la distance de la station qui l'envoie, avec l'état de la pile qui le fournit et qui peut être entretenue avec plus ou moins de soin, avec l'état d'isolement de la ligne, qui dépend d'une foule de circonstances accidentelles, par exemple, du degré d'humidité de l'air : un brouillard épais, qui dépose une mince couche d'eau sur les supports en porcelaine et les poteaux, produit en chacun de ces points une dérivation du courant à la terre, ou, en d'autres termes, une perte de courant; enfin une perte considérable peut avoir lieu subitement si le fil est amené au contact d'un poteau ou de la paroi d'un tunnel, s'il survient une pluie qui remplisse d'eau un petit intervalle entre le fil et un point voisin, etc., etc.

Or les changements d'intensité du courant entraînent des variations correspondantes de la force de l'aimantation dans le récepteur; si d'ailleurs le ressort antagoniste R est plus fort que l'attraction magnétique, aucun mouvement de l'armature ne résulte des passages du courant; si, d'un autre côté, le ressort est beaucoup plus faible que l'électro-aimant, il n'a pas, dans l'intervalle de deux passages de courant, le temps de ramener l'armature à la position du repos, d'autant que l'électro-aimant ne perd pas sa force magnétique instantanément à la rupture du circuit, mais conserve une certaine *aimantation restante* ou *magnétisme rémanent* qui a une intensité notable pendant les premiers instants. Il faut, pour que l'armature parcoure toute sa course et que l'échappement se fasse à chaque établissement ou interruption du courant, que le ressort soit un peu plus faible que l'électro-aimant; on comprend donc comment il est souvent nécessaire de régler le ressort au début d'une correspondance (surtout si elle a lieu avec une station différente de la précédente) et quelquefois même pendant le cours de la transmission. Pour que ce réglage se fasse facilement, il faut que le courant soit envoyé par un manipulateur tournant régulièrement; on voit l'aiguille du récepteur marcher d'un mouvement saccadé, s'arrêtant plutôt ou sur les nombres impairs ou sur les pairs. Dans le premier cas, l'attraction magnétique l'emporte trop sur la force du ressort; il faut donc l'armer, et, pour cela, tourner de gauche à droite la clef de réglage; dans le second cas, c'est-à-dire si on voit l'aiguille s'arrêter sur des nombres pairs, le ressort est trop armé, il faut tourner la clef de réglage de droite à gauche.

Si l'aiguille reste à la croix sans bouger, après s'être assuré à la boussole que le courant passe, on devra détendre le ressort, et en effet on est dans le cas de l'arrêt sur un nombre pair.

Quand on sent le besoin de régler son récepteur, il faut prier son correspondant de tourner la manivelle de son manipulateur, ce qu'on fait en lui transmettant les lettres T Z, initiale et finale du mot *tournez*; quand on trouve son récepteur suffisamment réglé on interrompt le correspondant en lui envoyant un courant comme nous l'avons indiqué (n° 59), et la correspondance peut alors avoir lieu.

Quand on a une certaine habitude des appareils on peut souvent, sans interrompre une transmission, toucher légèrement au réglage et le rendre tout à fait satisfaisant.

Des effets de l'électricité atmosphérique dans les temps d'orage, et du moyen d'y remédier.

65. — Les circonstances dans lesquelles les télégraphes ne peuvent pas fonctionner et qui sont tout à fait indépendantes de la disposition des appareils sont heureusement fort rares et de courte durée. L'un de ces cas est celui ou l'atmosphère est chargée d'électricité; on observe alors souvent que, si le manipulateur est sur l'attente, c'est-à-dire si le commutateur de ligne est sur le bouton S de la sonnerie, cet appareil se met à sonner; et si, sur ce faux avertissement, on se met sur la touche de réception, on voit l'aiguille du récepteur sauter brusquement deux lettres à la fois; cet effet se produit à chaque éclair, bien que cet éclair puisse être très-éloigné, et résulte de ce que l'électricité développée dans le fil par l'orage se décharge par les conducteurs du poste et les fils des électro-aimants dans la terre [1].

Si l'orage est violent, il arrive souvent qu'une de ces décharges échauffe assez les fils des électro-aimants pour les faire rougir et fondre; souvent même ils sont réduits en petits fragments qui sont projetés avec bruit dans toutes les directions; ces circonstances sont quelquefois accompagnées d'une aimantation permanente du fer de l'électro-aimant, qui suffirait à empêcher l'appareil de fonctionner; de toutes façons, l'instrument est hors de service. Il peut même arriver, après la rupture du circuit, qu'une décharge ait lieu entre le fil de la ligne et un point assez éloigné de la chambre; les employés sont alors exposés à recevoir des secousses très-violentes.

C'est un principe de physique bien connu que, dans un circuit électrique, la partie la moins conductrice est celle qui s'échauffe le plus et qui, par suite, est fondue ou brûlée la première; c'est par cette raison que le fil fin de l'électro-aimant est détruit par l'orage, tandis que les fils du poste et de la ligne, beaucoup plus gros, restent intacts.

[1] Le professeur Henry, de Philadelphie, a le premier étudié la production des courants accidentels dans les fils sous l'influence des nuages orageux.

66. — En mai 1846, par suite d'un violent orage qui éclata près de Saint-Germain, tous les fils du poste du Vésinet furent brûlés et les appareils gâtés.

Cet événement nous fit songer à préserver les conducteurs des postes, en intercalant dans le circuit un fil beaucoup plus fin et plus résistant que ceux des électro-aimants.

L'appareil que nous fîmes construire reçut le nom de *paratonnerre* (fig. 55); il se compose, comme pièce essentielle, d'un fil de fer [1] de $0^m,00011$ environ, placé dans l'intérieur d'un petit tube en verre ou en bois des-

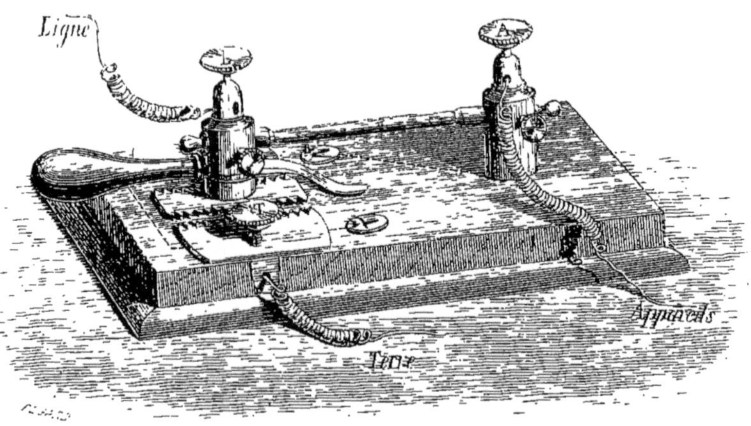

Fig. 55.

tiné à le protéger contre les chocs et placé dans le circuit de la ligne à l'entrée du poste (en P, planche I).

---

[1] On emploie le fer pour cet objet, parce qu'à diamètre égal il conduit cinq ou six fois moins bien que le cuivre.

Au bouton L aboutit le fil de ligne, en A celui qui va aux appareils, à la boussole, puis au manipulateur.

En cas d'orage, le fil du paratonnerre est brûlé et le fil de la ligne ne communiquant plus à ceux du poste, ces derniers sont préservés; il pourrait arriver cependant qu'une décharge nouvelle éclatât entre les boutons L et A, auxquels cas tous les accidents dont nous avons parlé se produiraient.

Pour éviter ce danger, nous avons placé des deux côtés du bouton L, deux boutons T, qu'on relie à la terre; ces trois pièces sont supportées par des plaques de cuivre dentelées, dont les pointes sont en regard et très-rapprochées les unes des autres. Avec cette disposition l'électricité, accumulée dans le fil, se décharge à la terre par les pointes bien avant qu'elle n'ait assez de tension pour sauter de L en A, et les appareils sont complétement préservés.

Dans la composition de cet appareil entre encore un petit commutateur; si on le place sur la touche T qui est reliée aux boutons T, la ligne se trouve communiquer directement avec la terre, et l'électricité qui s'y développe se décharge à la terre, à mesure qu'elle se produit, sans aucun danger pour le poste; il convient de se mettre dans cette condition toutes les fois qu'un orage parait devoir être violent.

Quand enfin l'orage est passé, on remplace le tube du paratonnerre si le fil a été brûlé, et si on n'a pas de tube de rechange, on place le commutateur sur la touche A, qui est reliée au bouton A, et la communication se trouve rétablie, à la vérité, sans préservateur.

Dans l'état ordinaire des choses, le paratonnerre étant en bon état, le commutateur ne doit être ni sur la touche T ni sur l'autre A, mais entre les deux, dans la position verticale.

Des centaines de paratonnerres de ce genre ont été installés, et il n'est jamais arrivé d'accidents dans les postes qui en étaient munis. Il arrive seulement que, par une forte décharge entre les pièces L et T, les pointes sont fondues et le bois carbonisé au-dessous.

Une précaution bonne à prendre pour prévenir tous les accidents, consiste à arrêter le fil de la ligne à quelques mètres du poste, et à n'y faire entrer que des fils de petit diamètre, parce que d'un fil de 5 ou 4 millimètres il peut partir des étincelles très-fortes, capables de blesser, tandis qu'avec des fils fins on n'a à redouter que des étincelles beaucoup moins fortes.

Postes à plusieurs directions.

67. — Dans les postes à trois directions, il n'y a le plus ordinairement qu'une pile, un commutateur, un manipulateur, un récepteur, trois sonneries et trois boussoles, et de même que dans les postes à deux directions, on transmet ou on reçoit d'un seul côté à la fois.

Le manipulateur prend alors la forme représentée fig. 34; on voit qu'il ne diffère de celui que nous avons décrit fig. 28 que par une troisième manette mobile, correspondant au troisième fil de ligne.

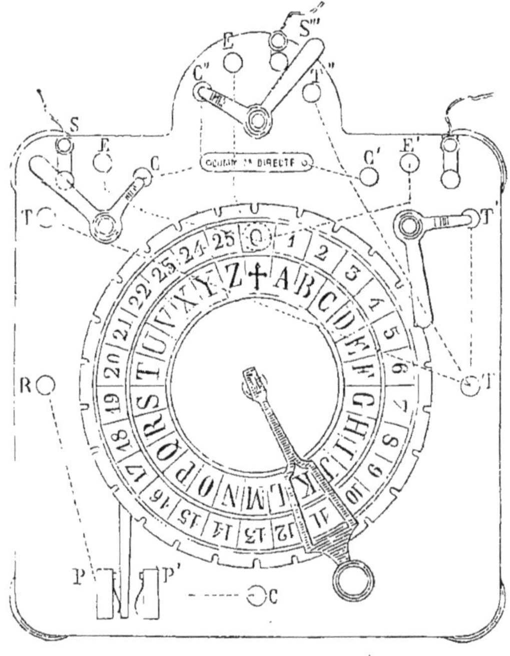

Fig. 34.

Si la correspondance était très-active, il faudrait avoir deux manipulateurs et deux récepteurs pour que deux employés pussent transmettre ou recevoir dans deux directions à la fois; c'est ce qu'on fait surtout dans les postes à quatre directions ou plus [1].

Alors même que l'on correspond dans plusieurs directions à la fois, une seule pile suffit, car le courant se divise dans les différents fils, et son intensité, en les supposant d'égale longueur, est sensiblement la même dans chacun d'eux qu'elle serait dans un seul, comme

---

[1] La figure 34 représente le manipulateur sous l'une des formes que nous lui avons données; les trois touches C, C', C", servent à établir la communication directe entre deux des trois lignes qui aboutissent au manipulateur, au moyen des commutateurs de ligne; les touches E, E. E', jouent le même rôle que celles désignées par la même lettre dans l'appareil fig. 28; ce sont les touches d'envoi et réception; les boutons S, S', S", communiquent aux sonneries, ce sont les touches d'attente; enfin, les touches T. T', T" communiquent entre elles et à la terre, et servent à mettre les fils de ligne en communication avec la terre pendant les orages; dans ce cas. la touche T du paratonnerre devient inutile, mais le fil du paratonnerre, restant dans le circuit, peut être brûlé; c'est cet inconvénient qui a fait préférer la disposition du paratonnerre fig. 35 et du manipulateur fig. 28.

Le bouton C, qui est réuni à P', communique au pôle cuivre de la pile; le bouton R, réuni à P, communique au récepteur; il ne diffère que par sa disposition du bouton R du manipulateur fig. 28.

Dans la figure 34, le levier de contact est représenté en contact avec la pièce P, quoique la manivelle soit sur un chiffre impair; c'est une erreur de dessin; dans les postes ordinaires à deux ou plusieurs directions, le levier doit être au contact de P' quand la manivelle est sur les nombres impairs, et au contact de P quand la manivelle est sur les nombres pairs, comme nous l'avons dit au n° 52. Nous verrons toutefois, au n° 73, que dans les postes montés à courant continu, c'est l'inverse qui doit avoir lieu.

permettent de le faire voir les formules des courants dérivés (n° 57).

Relais de Sonnerie.

68. — Dans les postes auxquels aboutissent plusieurs lignes, on emploie souvent une seule sonnerie; mais alors, pour savoir par quelle direction on est appelé, il faut faire usage d'appareils appelés *relais*, en nombre égal à celui des lignes avec lesquelles le poste est en communication.

La figure 55 représente un de ces relais; l'électro-aimant E est placé dans le circuit d'une des lignes comme serait celui de la sonnerie qu'il remplace. Quand l'armature A est attirée, elle amène le ressort d'acier R au contact de la vis *v*; le circuit d'une *pile locale*[1], dans lequel est placé l'électro-aimant de la sonnerie, se trouve fermé et la sonnerie se met en branle. Le courant de la pile locale arrive au bouton P.L, suit une bande de laiton placée au-dessous du socle en bois et figurée par une ligne pointée, la colonne N et la vis *v*; il passe par le ressort R, l'armature A, le support M de l'armature, une seconde bande de laiton aboutissant au bouton S qui est relié à la sonnerie.

---

[1] On comprend que la *pile locale* est celle dont le circuit est local, c'est-à-dire tout entier dans la même station; par opposition à la *pile de ligne* dont le circuit s'étend jusqu'à une autre station.

Il est facile de comprendre comment une seule pile locale et une seule sonnerie suffisent pour un nombre quelconque de relais, et comment quelques éléments de la pile ordinaire du poste peuvent servir de pile locale.

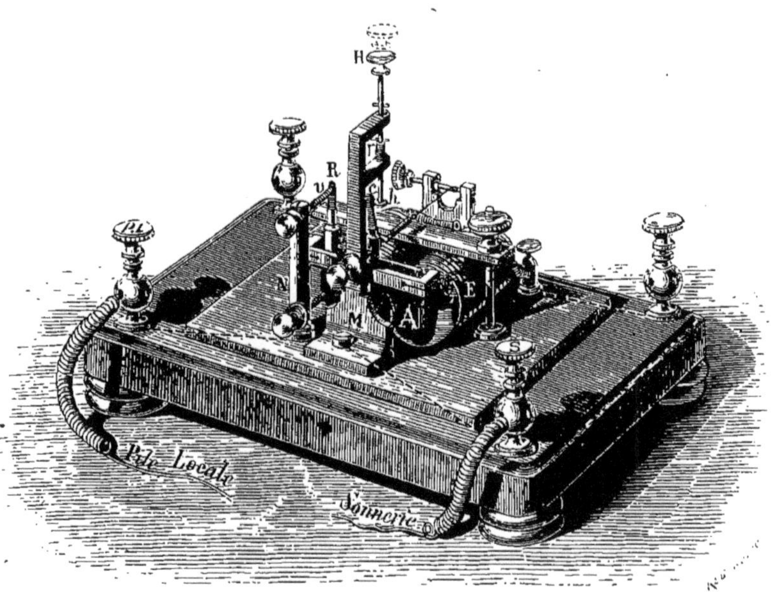

Fig. 35.

La figure 35 fait comprendre que le mouvement de l'armature a aussi pour effet de dégager du crochet c la pièce h; le ressort boudin r soulève alors la tige h H, élève le bouton H dans la position ponctuée et le fait sortir du couvercle de la boîte en acajou qui recouvre tout l'appareil; ce bouton est l'indicateur qui fait connaître à quelle station on doit répondre. Pour éviter toute hésitation on est dans l'habitude de graver sur chacun des relais le nom de la ligne à laquelle il correspond.

Sonnerie trembleuse.

69. — Cet instrument est représenté par la figure 36. Un courant envoyé dans l'appareil suit la bande de cuivre C D, parcourt le fil de l'électro-aimant E, est con-

Fig. 36.

duit ensuite en F, suit l'armature A, le ressort R et la bande J Z, pour retourner à la pile.

7

Dès que le circuit est fermé hors de cet appareil, l'armature est attirée par l'électro-aimant et le contact en R cesse d'avoir lieu ; de là il résulte que l'électro-aimant cesse d'attirer l'armature, qui retombe sur le ressort et referme le circuit ; le courant passant de nouveau, l'armature est de nouveau attirée, etc.; ces effets se reproduisant successivement avec rapidité, l'armature prend un mouvement d'oscillation ou de tremblement qui dure autant que le circuit est complet hors de l'appareil [1].

A chaque attraction de l'armature, le marteau *m* qu'elle porte vient frapper le timbre, ce qui produit un bruit très-intense.

On remarque que l'armature n'est pas portée par un axe et sur des pointes de vis comme dans les instruments précédemment décrits, on a trouvé plus avantageux de la faire porter par un ressort flexible qui fait en même temps fonction de ressort antagoniste.

L'administration des télégraphes français emploie ces sonneries dans certains postes montés avec le télégraphe Morse; elles peuvent fonctionner à 100 kilomètres (lignes établies avec du fil de fer de 4 $^m/_m$) et même à une distance plus grande, pourvu que les électro-

---

[1] Le principe de ce *trembleur* est dû à Neef, physicien allemand; il a reçu d'autres applications fort intéressantes, aux appareils d'induction, à l'anémographe de M. Mangon, ingénieur des ponts et chaussées, etc., etc.

aimants aient un nombre de tours et une résistance convenables; cependant on les fait plus souvent fonctionner au moyen de relais et de piles locales. Dans ces conditions, deux ou trois éléments Daniell suffisent à les faire marcher.

Sonnerie trembleuse à relais.

70. — En faisant usage de relais de sonnerie dans le genre de ceux que nous avons décrits n° 68, on pourrait substituer aux sonneries à rouage les sonneries trembleuses que nous venons de décrire dans les postes télégraphiques des chemins de fer.

M. Faure, chargé du service télégraphique aux chemins de fer de l'Est, a réuni dans une seule boîte le relai et la sonnerie trembleuse; ou même, pour les postes à deux directions, deux relais et une sonnerie.

La figure 37 représente la partie antérieure de l'appareil où sont réunis les deux relais; à la partie postérieure est placée la sonnerie trembleuse, dont la figure ne montre que le marteau m et le timbre. Quand le courant vient à passer dans l'électro-aimant E, la tige t de l'armature laisse tomber le levier $l\,o$, qui pivote autour du point o; le ressort r tombe sur le butoir g et ferme le circuit d'une pile locale; ce courant fait alors tinter la sonnerie trembleuse jusqu'à ce que l'employé appelé vienne, au moyen du bouton b, relever le levier $o\,l$, et le remettre en prise sur la tige t de l'armature. Le plateau

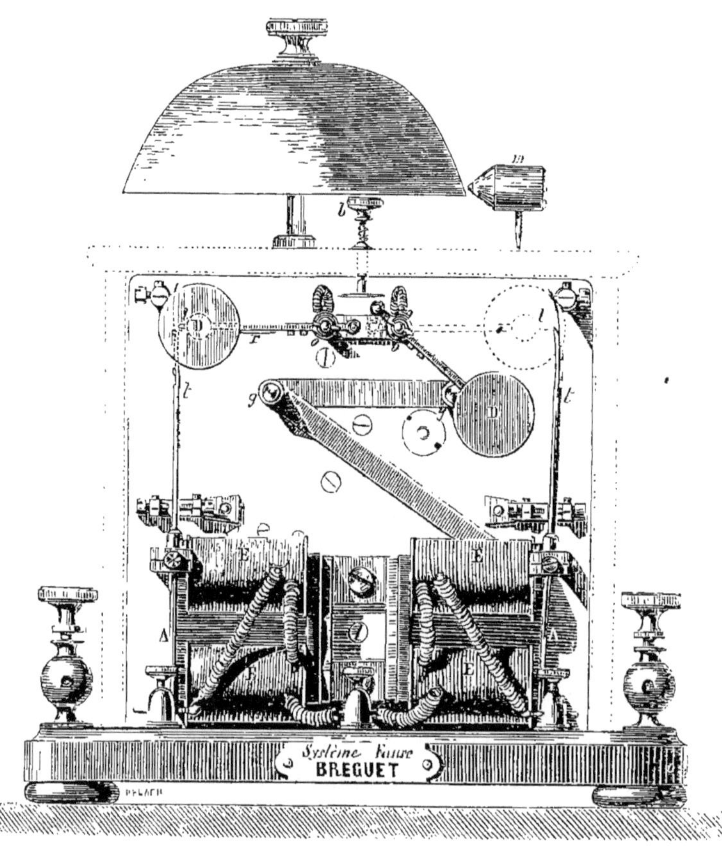

Fig. 57.

rond D fait fonction de *répondez* et indique quelle est celle des deux lignes qui appelle, en se présentant devant une fenêtre pratiquée dans la boîte en acajou.

II

APPAREILS DE SECOURS EMPLOYÉS SUR LES CHEMINS DE FER FRANÇAIS.

Outre les appareils télégraphiques de correspondance que nous venons de décrire, on emploie sur les chemins de fer divers systèmes, qui ont pour objet spécial d'assurer la sécurité des trains et de faciliter le service. Nous décrirons ici ceux qui dérivent du système alphabétique précédent et qui ont rendu de longs services sur les lignes où on les a employés.

Télégraphe mobile de Bréguet.

71. — La figure 38 représente dans son ensemble cet appareil, dont nous avons fait la première application en 1848.

Il est destiné à être placé dans les trains et à permettre

une communication télégraphique entre un train arrêté sur la voie par un accident quelconque et les stations voisines.

La boîte de l'appareil (en chêne ou en noyer) est figurée ouverte; elle contient un récepteur R, un manipulateur M, une boussole G, une pile composée de 18 éléments, logée dans la partie inférieure BB, et deux bobines L, T, pleines de fil de cuivre recouvert de coton.

A l'appareil est joint une canne à tirage en jonc à l'extrémité de laquelle est un crochet; à ce crochet on attache le bout du fil déroulé de la bobine L et on met ainsi l'appareil en communication avec la ligne.

Le fil de la bobine T se déroule également et sert à mettre l'appareil en communication avec la terre, par l'intermédiaire d'un coin en fer qu'on enfonce entre deux rails.

La disposition de chacune des parties qui composent le télégraphe mobile est la même que celle des appareils que nous avons décrits. La pile seule est modifiée pour le transport; on a employé d'abord, au lieu de liquides qui seraient facilement renversés, du sable humide mélangé de sulfate de cuivre dans le vase poreux et de sulfate de zinc dans le vase de verre extérieur; au lieu de piles à sable on emploie aujourd'hui des éléments bouchés avec du liége, qui se nettoient plus facilement.

Supposons un train porteur d'un télégraphe mobile, arrêté par accident entre Paris et Juvisy, deux stations

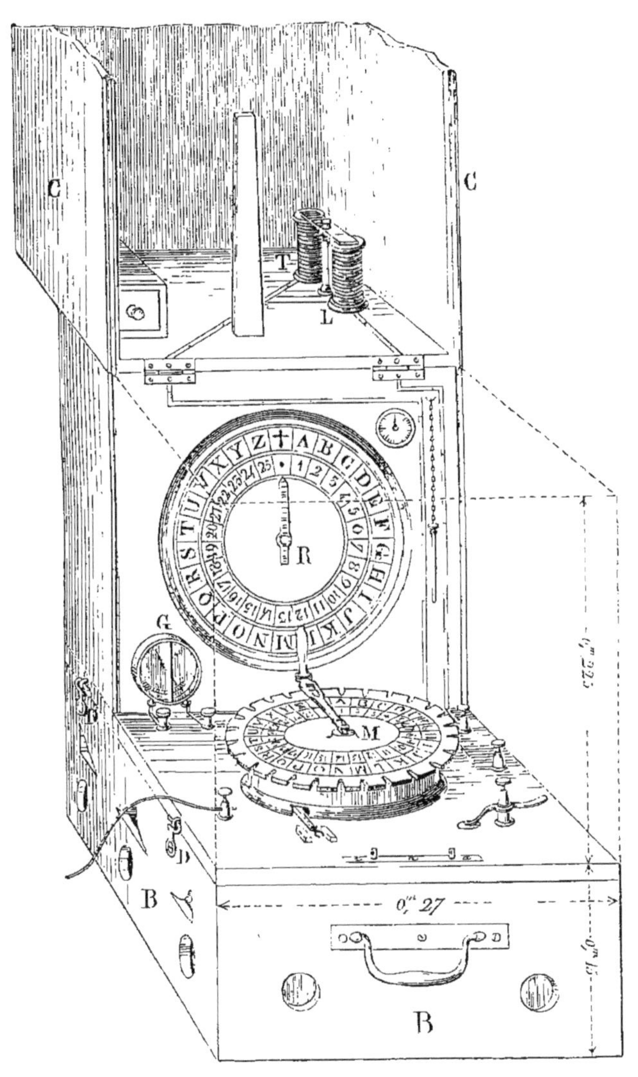

Fig. 38.

du chemin de fer d'Orléans. Le chef du train met son appareil en communication avec la ligne et avec la terre, il fait un tour de manivelle et envoie par conséquent le courant de sa pile, qui se divise et va en même temps à Paris et à Juvisy, dont les sonneries sont mises en branle. La déviation de la boussole avertit que le courant passe et que la communication peut avoir lieu.

L'une de ces stations, Paris, par exemple, répond la première; le courant qu'elle envoie se partage aussi entre l'appareil mobile et l'autre station (Juvisy); aussitôt cette réponse reçue, l'appareil mobile avertit par une dépêche conventionnelle que c'est lui qui appelle et que tel train arrêté entre tel et tel poteau kilométrique a besoin de secours. Il arrive quelquefois que la seconde station (Juvisy) interrompt cette communication commencée en envoyant un courant; on en est quitte alors pour la recommencer; elle est reçue par les deux stations à la fois. On attend l'accusé de réception pour supprimer la communication de l'appareil mobile avec la ligne et remettre les fils sur les bobines L et T.

Les appareils mobiles ont quelques inconvénients; il arrive souvent, lors d'un accident de chemin de fer, que l'appareil porté par le train est brisé ou du moins dérangé de manière à ne pas pouvoir fonctionner dans le moment même; il est d'ailleurs toujours assez difficile d'entamer une communication avec l'une des deux stations entre lesquelles on est placé, parce que le courant envoyé les appelle toutes deux et que toutes deux veulent répondre en même temps; enfin, ces difficultés se présentent dans un moment où on n'a pas tout le sang-froid dont on aurait besoin pour les surmonter. C'est pour parer à ces inconvénients qu'on a imaginé la disposition suivante :

Appareils de Secours fixes, montés à courant continu.

72. — De deux en deux kilomètres sont placés sur la ligne, dans les guérites des gardes, des appareils fixes composés d'un récepteur et d'un manipulateur, ne différant du télégraphe mobile que par l'absence de pile.

Ces appareils fonctionnent à *courant continu*, c'est-à-dire avec la pile de la station à laquelle ils parlent. Prenons, pour fixer les idées, la ligne de Reims à Rethel; cette ligne est à deux fils[1]; l'un, dit *omnibus*, sert à la transmission des dépêches des stations intermédiaires A, B, C entre elles et avec les stations extrêmes de Reims et de Réthel; l'autre, dit *direct*, servant à la communication directe entre les stations principales,

[1] Il est entendu que nous parlons ici du télégraphe du chemin de fer ; l'État a sur la même ligne un certain nombre de fils destinés à la transmission des dépêches politiques et privées, nombre qui varie suivant l'importance des lignes.

Quelques compagnies de chemin de fer ont pour leur service trois fils, l'omnibus, le semi-direct et le direct.

Reims et Réthel ; dans chacun de ces deux points il y a double poste télégraphique : l'un, destiné au service du fil omnibus, a la disposition ordinaire décrite au n° 58 ; l'autre, pour le fil direct (qui est en même temps *fil de secours*), a une disposition différente, qu'on appelle à *courant continu* et que nous allons indiquer.

Montage des postes à courant continu.

73. — La planche II représente cette disposition ; ne tenons pas compte pour le moment de l'appareil de secours placé entre les deux stations, qui d'ailleurs donne la communication directe en temps ordinaire.

Les manipulateurs ne portent pas deux commutateurs de ligne comme les manipulateurs ordinaires ; ils n'en portent qu'un seul, que nous appellerons commutateur du manipulateur.

Les commutateurs de ligne sont reportés au-dessus du récepteur sur une planche qui porte en même temps les boussoles (verticales) et les paratonnerres ; ils peuvent être placés ou sur la *communication directe* ou sur *sonnerie* (attente), ou enfin sur *transmission et réception*. Les manipulateurs ne portent qu'une touche p, et la godille est en contact avec cette touche toutes les fois que la manivelle est sur un chiffre pair, à l'inverse de ce qui existe dans les manipulateurs ordinaires. Les communications cachées sont indiquées en traits ponctués et en particulier celles du manipulateur ; la masse métallique du manipulateur ne communique qu'avec le bouton R et la godille.

Au repos, les manivelles étant à la croix, les commutateurs des manipulateurs sont tous deux sur le bouton P et les commutateurs de ligne sur *sonnerie ;* c'est ce que montre le côté droit du poste de Réthel. Dans ces conditions, le courant de chacune des stations est envoyé sur la ligne en passant par les sonneries, les boussoles et les paratonnerres; mais ces deux courants marchant en sens contraire ne produisent aucun effet sur les sonneries et les boussoles, pourvu qu'ils soient fournis par des piles d'un même nombre d'éléments [1].

Si l'un des postes, Reims, par exemple, veut attaquer l'autre, il n'a qu'à supprimer son courant, ce qu'il fait en mettant le commutateur du manipulateur sur le bouton T, comme le montre la figure, et le commutateur de ligne sur *transmission et réception ;* le courant de Réthel passant alors seul sur la ligne, met en branle la sonnerie de Réthel.

L'employé de Réthel étant ainsi prévenu, met son

---

[1] Pour voir cela bien nettement, il faut transporter par la pensée le poste de Réthel tel que le représente la planche II à gauche du poste de Reims ; et alors le côté droit du premier et le côté gauche du deuxième sont sur l'attente et dans les conditions indiquées dans le texte.

commutateur de ligne sur *transmission et réception*, et les deux récepteurs se trouvent dans le circuit; la communication a lieu alors avec le courant de Réthel, c'est-à-dire du poste attaqué, qui suit la marche indiquée par les flèches, et les deux récepteurs marchent ensemble. Il en résulte cet avantage que Reims, voyant marcher régulièrement son récepteur, a la certitude presque complète que Réthel reçoit bien la dépêche, car les dérivations qui peuvent avoir lieu sur la ligne tendent à donner l'infériorité à Reims [1]. Les récepteurs ont une disposition peu différente des récepteurs ordinaires, l'aiguille est à la croix ou sur un chiffre pair quand le courant passe, et sur un chiffre impair quand le courant est interrompu; ainsi, dans le cas de la planche II, les manipulateurs étant à la croix et les godilles en contact avec les touches p, le circuit est complet et les récepteurs sont à la croix; si la manivelle de l'un des manipulateurs est portée sur l'A, sa godille cesse d'être en contact avec la touche p ; le circuit est interrompu et les aiguilles des récepteurs s'avancent à l'A, etc., etc...

Dans ces conditions, le fil direct fonctionne comme fil de correspondance ordinaire; nous allons le montrer fonctionnant comme fil de secours.

---

[1] Cette disposition peut être adoptée dans le cas où on n'a que deux postes à faire correspondre et dispense d'avoir une pile dans chacune des stations. Une seule suffit.

Usage des appareils de secours fixes.

74. — Quand un train est arrêté sur la voie par un accident quelconque, et qu'il est nécessaire de prévenir les stations voisines, le conducteur du train se transporte rapidement à l'appareil de secours le plus voisin M, qui est au plus à un kilomètre de distance; un numérotage de poteaux permet d'aller à coup sûr à l'appareil le moins éloigné.

Le conducteur trouve l'appareil dans la position marquée par le dessin (planche II), c'est-à-dire sur *communication directe*.

S'il veut parler à Reims, il place le commutateur gauche de l'appareil de secours M sur *transmission et réception*; le courant de Reims passe alors seul sur la ligne, traverse le récepteur de M et va se perdre à la terre par la godille du manipulateur. La sonnerie de Reims se met en branle; l'employé appelé met son commutateur de ligne sur *transmission et réception*, et par conséquent introduit son récepteur dans le circuit; la communication peut alors avoir lieu par le manipulateur de M ou celui de Reims. Il est à remarquer que le poste de Réthel n'est pas appelé, car le commutateur droit de l'appareil de secours se trouvant isolé, aucun courant ne passe dans la sonnerie qui ne fonctionne pas. Seulement si Réthel veut parler à Reims pendant le temps de la communication de l'appareil de secours, il trouve la ligne coupée et son récepteur ne peut pas fonctionner; cette interruption n'est jamais d'ailleurs que de peu de durée.

La transmission achevée et l'accusé de réception obtenu, le conducteur du train replace le commutateur gauche de M sur la communication directe et les courants de Reims et de Réthel se font de nouveau équilibre sur la ligne.

Appareils mobiles sans piles.

75. — Les appareils de secours peuvent n'être pas laissés fixes dans les guérites placées sur la ligne.

Dans certains cas, on a préféré laisser les appareils mobiles avec les trains (pour en avoir un moindre nombre) et couper le fil direct au moment où la communication est nécessaire; cette coupure du fil se fait d'ailleurs facilement aux poteaux kilométriques par des commutateurs placés à hauteur d'appui dans des boîtes soigneusement fermées. On conserve alors les inconvénients du transport des appareils, mais on évite ceux de l'entretien et du transport des piles.

Ces appareils fonctionnent à courant continu comme ceux décrits au nº 74.

III

SYSTÈME FRANÇAIS A SIGNAUX. — TÉLÉGRAPHE
A DEUX AIGUILLES [1].

Cet appareil est de ceux qui transmettent les dépêches en signaux conventionnels.

Récepteur.

76. — Le récepteur est formé par la réunion de deux appareils symétriques et parfaitement indépendants l'un de l'autre.

La figure 59 représente l'appareil dans son ensemble, recouvert de sa boîte et vu de face.

---

[1] Ce système a été longtemps employé exclusivement à l'administration des lignes télégraphiques françaises.

Les aiguilles indicatrices I tournent autour des points i; ce sont les parties noires des aiguilles qui forment les signaux; chacune d'elles peut prendre huit positions,

Fig. 59.

à savoir : deux horizontales, l'une à droite, l'autre à gauche du centre, deux verticales et une à 45° dans chacun des quatre angles formés par les lignes horizontales et verticales.

A chacune des huit positions de l'un des indicateurs correspondent huit positions de l'autre, c'est-à-dire huit signaux; on voit donc que le nombre total des signaux de l'appareil est 8 fois 8, ou 64.

Dans la figure 40, l'appareil est vu par derrière et sans sa boîte.

La partie gauche du dessin représente exactement l'une des moit'és du récepteur; la partie droite n'est pas exécutée d'après nature, on y a supprimé l'électro-aimant E qui cachait l'armature A, et la platine P P pour montrer le rouage qu'elle est destinée à soutenir.

Toute la disposition est très-analogue à celle du récepteur alphabétique ; *tt* est la tige de l'armature ; *r*, *r'* sont les vis de réglage ; R, le ressort-boudin, dont la force peut être augmentée ou diminuée en tournant dans un sens ou dans l'autre l'axe *a a* du tambour T, sur lequel s'enroule le fil de soie *f f*.

La roue d'échappement, au lieu de treize dents, n'en a que quatre, qui produisent les huit positions de l'aiguille.

A chaque établissement ou interruption du courant, l'armature A bascule, l'échappement a lieu, la roue avance d'une demi-dent et l'aiguille de 45° [1].

Il importe de noter que les deux rouages du récepteur sont disposés de manière à faire tourner les aiguilles en sens inverse l'une de l'autre; celle de gauche (fig. 39) marche dans le sens des aiguilles d'une montre, celle de droite en sens contraire.

---

[1] L'échappement a lieu ici entre une *roue d'échappement* simple et deux *palettes d'échappement*, comme dans nos anciens récepteurs à lettres. La fonction est d'ailleurs tout à fait la même que celle de l'échappement décrit n° 50.

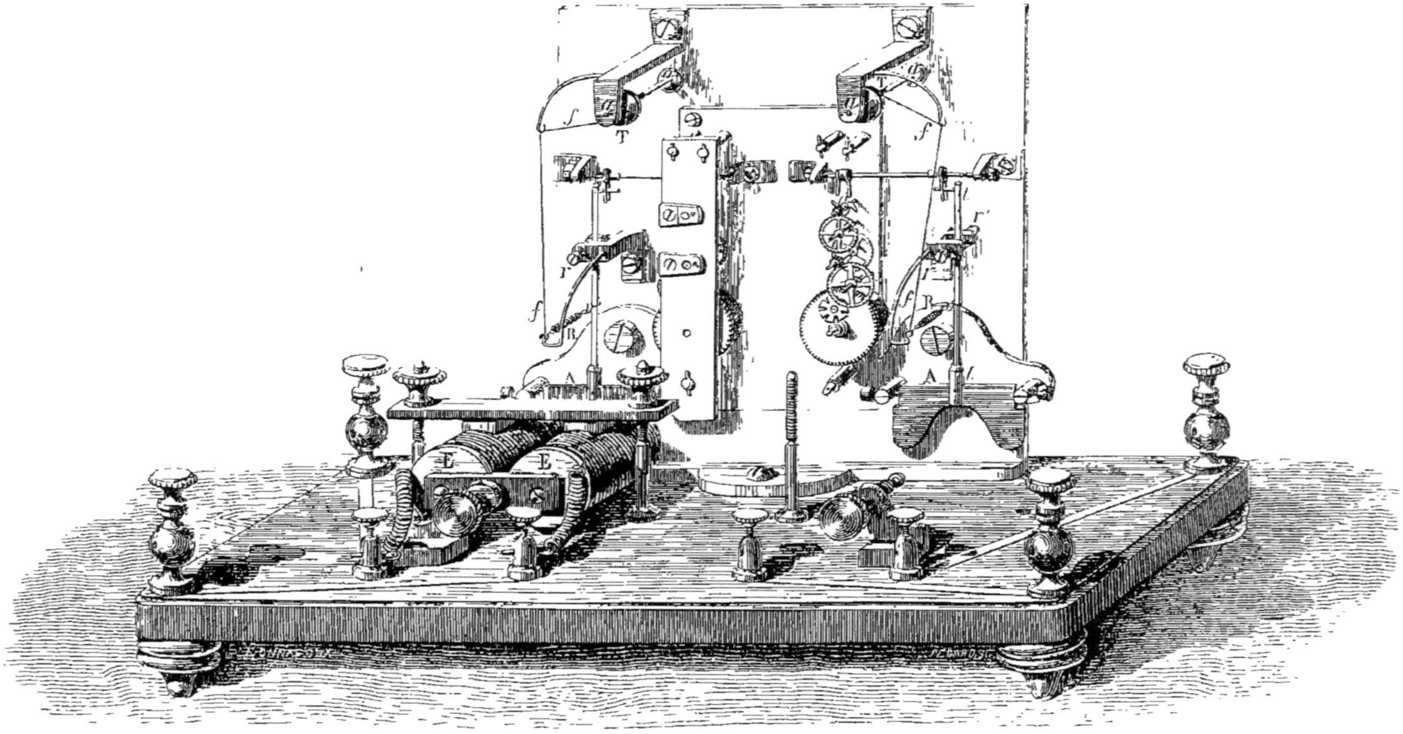

Fig. 40.

Manipulateur.

77.— Le manipulateur est composé, comme le récepteur, de deux parties symétriques indépendantes l'une

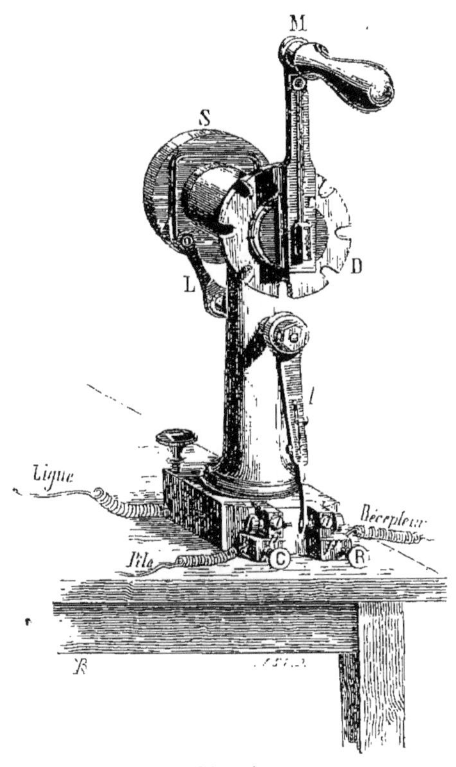

Fig. 41.

de l'autre, mises chacune en relation avec une des parties
du récepteur par un fil particulier.

La figure 41 représente l'une de ces parties.

La manivelle M entraîne l'axe sur lequel elle est montée et avec lui la roue à rainure sinueuse S. La roue D, appelée diviseur, est fixe; elle porte huit crans placés régulièrement sur sa circonférence, dans lesquels peut entrer une dent portée par la manivelle, ce qui permet de donner facilement à celle-ci huit positions exactement correspondantes à celles de l'aiguille indicatrice du récepteur.

Un ressort r, encastré dans la manivelle, la maintient appuyée contre le diviseur dans la position qu'on lui donne à la main.

Pour travailler avec l'instrument, pour manipuler, en un mot, on saisit les deux manches des manivelles, une de chaque main, on les tire à soi pour vaincre l'effort du ressort r et faire sortir les dents des crans des diviseurs; on les tourne toutes les deux à la fois, chacune dans le sens que nous avons indiqué pour l'aiguille correspondante du récepteur, et on les amène jusqu'aux positions qu'elles doivent occuper pour former le nouveau signal qu'on veut transmettre. Il arrive souvent, comme il est facile de le comprendre, que pour passer d'un signal au suivant on n'a besoin de mouvoir qu'une seule manivelle.

Il est important enfin de faire tourner chaque manivelle toujours dans le même sens et de ne jamais retourner en arrière, pour les raisons que nous avons données (n° 53) en parlant du manipulateur à lettres.

La figure montre comment le levier l et le levier L qui sont portés par le même axe reçoivent de la roue sinueuse un mouvement de va-et-vient qui amène le ressort inférieur successivement en contact avec les deux pièces p et p'; ces deux pièces sont isolées par un morceau d'ivoire de la masse métallique de l'appareil et les fils de la pile et du récepteur y viennent aboutir comme l'indique la figure.

Le fil de la ligne, au contraire, est mis en communication avec la masse métallique de l'appareil.

Ici donc, comme dans l'appareil alphabétique, chaque contact entre le ressort du levier l et le bouton C de la pile amène l'envoi du courant sur la ligne, et chaque cessation du contact entre ces deux pièces amène l'interruption du courant; d'où il résulte deux mouvements successifs de l'armature correspondante du récepteur et deux mouvements de l'aiguille semblables à ceux de la manivelle. On comprend comment se maintient l'accord de position de l'aiguille et de la manivelle et comment peuvent se transmettre du manipulateur au récepteur les 64 signaux dont nous avons parlé au début. Le bouton R sert à la réception; le courant arrivant de la ligne entre dans la masse métallique du manipulateur et (quand l'appareil est dans la position du repos) par le ressort du levier l dans le bouton R, d'où il est conduit au récepteur.

Avantages. — Vitesse de transmission.

78. — Ce télégraphe a donné une très-grande rapidité de transmission; on a pu faire jusqu'à 240 signaux en une minute, formant une dépêche d'environ 50 mots; cette vitesse n'est possible que grâce à ce que les appareils font 5,000 signaux par minute, en tournant la manivelle d'un mouvement continu. D'ailleurs les différentes positions des aiguilles étant à 45° les unes des autres, les signaux sont très-distincts les uns des autres, d'où il résulte que des employés habitués ne font presque aucune erreur de lecture. Le contraire arrive dans l'emploi du télégraphe à double aiguille anglais de Cooke et Wheatstone (voir au n° 95), qui, par cette raison, ne donne qu'une vitesse réelle de transmission beaucoup moindre que le nôtre. Le télégraphe français peut être employé comme relais et permet de transmettre une dépêche à plusieurs stations à la fois; il suffit, pour lui donner cette faculté, de le disposer comme nous l'indiquerons en détail en décrivant l'appareil Morse.

Ce télégraphe et celui de Wheatstone fonctionnent avec deux fils et entraînent par là une dépense plus considérable que les autres. Pour éviter cet inconvénient nous avons construit des appareils à une seule aiguille. On faisait successivement avec cette aiguille unique les signaux de l'appareil double, et la vitesse de transmission réduite de moitié, c'est-à-dire à 100 ou 120 signaux par minute, était encore plus grande que celle de l'appareil Morse ou de l'appareil à cadran; on conservait aussi l'avantage mentionné ci-dessus de la netteté des signaux.

En réponse aux reproches adressés à notre télégraphe par des personnes peu compétentes, nous reproduisons les lignes suivantes d'un article de M. Gounelle, dont on ne contestera pas l'autorité :

« Au commencement de 1845..... était construite la ligne de Paris à Rouen (145 kilom.), et en activité, un système d'appareils qui, à notre avis et, nous ne craignons pas de le dire, de *l'avis de tous ceux qui l'ont pratiqué*, et l'ont connu autrement que par une visite de quelques instants dans un poste télégraphique, présentait de très-grands avantages : rapidité, croisement facile des demandes et des réponses, simplicité et commodité de manipulation.

« C'est cet appareil, l'un des meilleurs qui aient été construits jusqu'à présent. . . . . . . Un des grands reproches que l'on faisait à l'appareil que nous défendons, c'est qu'il exigeait deux fils; mais on n'a jamais voulu comprendre qu'il pouvait fonctionner avec un fil unique. Il a cependant fonctionné et fonctionne encore ainsi sur quelques lignes avec une telle facilité, que l'employé qui fait ce service reconnaît souvent les signaux qui lui sont transmis au bruit seul de la palette. Nous croyons, du reste, que lorsque la sûreté des communi-

cations sur une ligne exige deux fils, il est plus avantageux d'utiliser pour la manipulation les deux mains d'un
seul employé, que d'occuper deux de ces fonctionnaires;
on y gagne en vitesse de transmission. » (*Annales télégraphiques*, t. II, p. 172; mars-avril 1859.)

IV

TÉLÉGRAPHE MORSE.

Le télégraphe de Morse est de ceux qu'on appelle écrivants; il laisse en effet de la dépêche reçue une trace en signes conventionnels. Il a été employé d'abord en Amérique, puis en Allemagne; son usage s'est encore plus répandu dans ces dernières années et il a été adopté par tous les gouvernements de l'Europe pour les communications internationales.

Récepteur.

79. — L'appareil est représenté fig. 42. La cage P P contient un mouvement d'horlogerie à ressort d'une assez grande force, dont la vitesse est régularisée au

moyen d'un volant régulateur à force centrifuge représenté fig. 43. A la vitesse normale, les ailettes sont
dans la position figurée; si la vitesse augmente, les ailettes s'écartent de l'axe de rotation et, par conséquent,

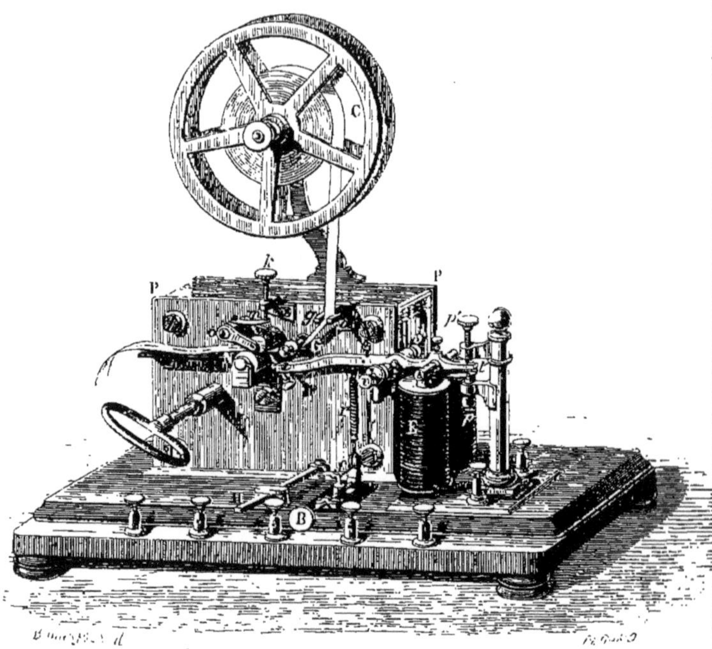

Fig. 42.

éprouvent une plus grande résistance de l'air, qui rend
moins sensibles les variations de vitesse produites par
l'inégale force du ressort plus ou moins armé.

Au repos, les ailettes sont dans la position figurée en
pointillé. L'axe du volant est placé verticalement et reçoit
le mouvement par l'intermédiaire d'une vis sans fin,

disposition qui permet de lui donner une vitesse beaucoup plus grande avec un même nombre de roues ou *mobiles* [1].

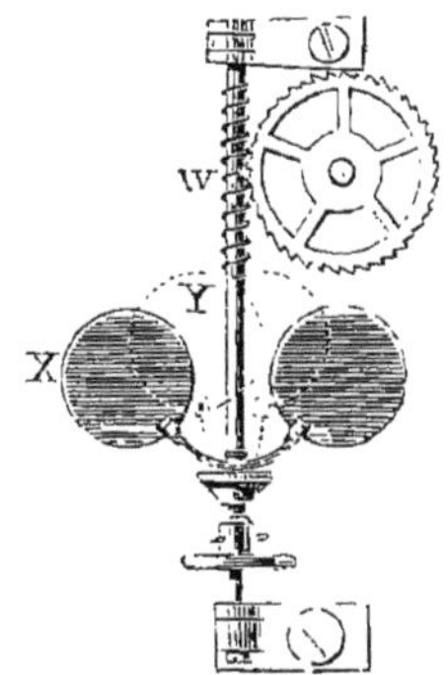

Fig. 43.

L'un des axes du rouage prolongé en dehors de la cage porte le rouleau ou cylindre N, sur lequel vient appuyer un second rouleau de même dimension. Une bande étroite de papier emmagasinée sur la roue C vient passer entre ces deux cylindres, dont la surface est rugueuse et est entraînée par le mouvement du rouage. Le rouleau supérieur est mobile autour de

[1] Les instruments que nous construisons pour le gouvernement français peuvent marcher continuellement pendant quarante-cinq minutes sans être remontés; la vitesse de déroulement du papier est par minute, au plus, de un mètre quarante centimètres pour le haut du ressort, et au moins de un mètre vingt-cinq centimètres pour le bas du ressort.

l'axe *o;* au moyen de la vis *k* et du ressort *m,* on règle la pression du rouleau supérieur sur l'inférieur.

Pour mettre le papier en place, on le fait passer dans un premier guide *g,* où il est légèrement pressé par un ressort d'acier plat, puis dans un second G qui a la forme d'une bobine vide, et enfin on le glisse entre les deux rouleaux en soulevant le supérieur. Le rouage est arrêté ou mis en marche au moyen du levier H. Au-dessus de l'électro-aimant E on voit l'armature A cylindrique. Le levier *l l'* de l'armature est porté sur deux pointes de vis *v, v';* sa course est limitée par les vis *p, p'.*

Au repos, le levier est maintenu par le ressort antago-niste *r* dans la position figurée, butant contre la vis *p'* supérieure; mais, quand le courant passe dans le fil des bobines, l'électro-aimant attire l'armature, qui s'abaisse jusqu'à ce que le levier bute contre la vis *p* inférieure; la tension du ressort antagoniste se règle au moyen du bouton B qui fait tourner une vis sans fin à pas très-étroit; cette vis est portée par deux collets fixes et fait mouvoir la pièce *f,* à laquelle est attachée l'extrémité du fil de soie qui tire le ressort *r* [1]. Avec cette disposition il faut donner un mouvement considérable au bouton pour augmenter ou diminuer d'une manière sensible la ten-sion du ressort, et on peut ainsi obtenir exactement la

---

[1] Ces pièces se voient mieux dans la fig. 47 qui est à une plus grande échelle, et dans la fig. 44 représentant le relai.

force qui donne le meilleur réglage. L'extrémité *l* du levier porte un *style* ou pointe traçante en acier dont la position peut être réglée par le pas de vis et le bouton qui la termine inférieurement ; quand le levier vient buter contre la vis inférieure *p*, le style vient toucher le papier et pénètre légèrement dans une rainure pratiquée dans le rouleau supérieur, de manière qu'il produit une saillie en relief dans le papier; cette saillie a la forme d'un point, si l'armature n'est abaissée qu'un instant et d'un trait si l'attraction dure plus longtemps.

La combinaison de ces deux signes, point et trait, correspondant à des envois de courant presque instantanés ou prolongés un peu permet d'obtenir des signaux très-nombreux.

Nous donnons à la page suivante l'alphabet adopté par l'administration des lignes télégraphiques françaises et par toute l'Europe pour les communications internationales. Les lettres les plus usuelles sont représentées par les combinaisons les plus simples; les chiffres le sont par cinq traits ou points; leur formation régulière permet de les retenir plus facilement. Dans une dépêche transmise, les lettres doivent être plus espacées que les signes composant une lettre et l'espace séparant deux mots doit être plus grand encore que celui qui sépare deux lettres.

ALPHABET MORSE

Lettre	Code	Lettre	Code	Lettre	Code
a	·—	ä	·—·—	b	—···
c	—·—·	d	—··	e	·
ê	··—··	f	··—·	g	——·
h	····	i	··	j	·———
k	—·—	l	·—··	m	——
n	—·	o	———	ö	———·
p	·——·	q	——·—	r	·—·
s	···	t	—	u	··—
ü	··——	v	···—	x	—··—
y	—·——	z	——··	w	·——
ch	————				

CHIFFRES, PONCTUATIONS, SIGNAUX CONVENTIONNELS.

Chiffre	Code	Chiffre	Code
1	·————	2	··———
3	···——	4	····—
5	·····	6	—····
7	——···	8	———··
9	————·	0	—————

Signe	Code
Point.	·· — ··
Virgule.	·—·—·—
Point-virgule.	—·—·—·
Deux points.	———···
Point d'interrogation, ou Répétez.	··——··
Point d'exclamation.	———·
Trait-d'union.	—····—
Apostrophe.	·————·
Barre de division.	—··—·
Attaque, ou Indicatif de dépêche	—·—·—
Réception.	·—·
Erreur.	········
Final.	···—·—
Attente.	·—···
Télégraphe.	—···—·

Relai.

80. — Il faut pour faire fonctionner l'appareil Morse une aimantation assez énergique à cause du poids considérable du levier et de la nécessité de gaufrer le papier. On n'obtiendrait pas une marche régulière et suffisamment rapide avec le courant envoyé directement d'une station éloignée; on est obligé pour y arriver d'employer un appareil accessoire, appelé *relai*, qui est très-sensible, c'est-à-dire qui peut marcher avec un très-faible courant et qui a pour mission de fermer le circuit d'une pile locale dont l'énergie est suffisante pour faire fonctionner le récepteur Morse.

Le relai est représenté par la figure 44.

L'armature A et son levier $l\,l'$ sont très-légers et obéissent par conséquent rapidement à l'attraction de l'électro-aimant E; le ressort antagoniste se règle de la même manière que celui du récepteur au moyen du bouton B qui est porté par une vis sans fin; cette vis fait avancer ou reculer la pièce f, à laquelle est attachée l'extrémité du fil de soie qui tire le ressort r.

Les vis p, p' servent à régler la course de l'armature, mais elles ont encore une autre fonction : la colonne qui les porte est représentée en coupe et montre qu'elles sont isolées l'une de l'autre par un tube de bois ou d'ivoire *i i*, la vis inférieure communique par le tube de cuivre formant l'enveloppe de la colonne au bouton R, *récepteur*; d'ailleurs la tige de l'armature communique par son support S au bouton C auquel aboutit le pôle

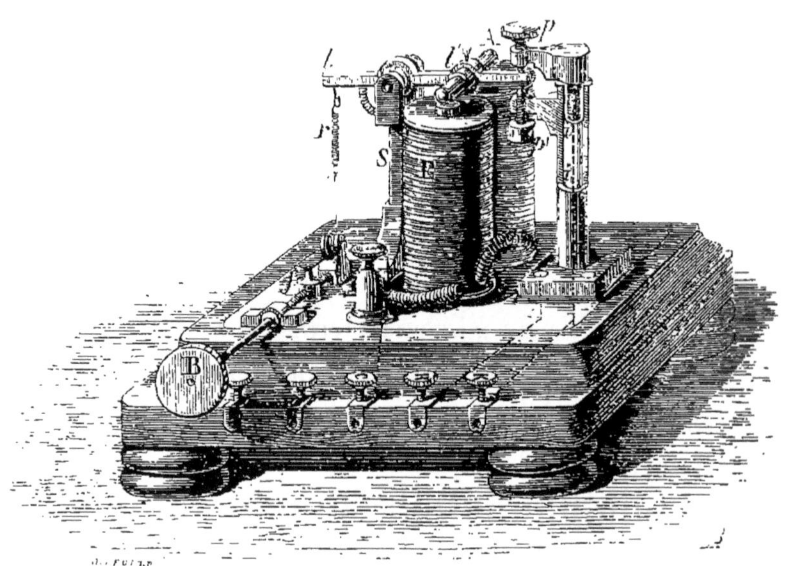

Fig. 44.

cuivre de la pile locale; si donc on réunit le bouton R au bouton du récepteur communiquant avec l'électro-aimant et le deuxième bouton du récepteur au pôle zinc de la pile locale, ce circuit local se trouve fermé chaque fois que le levier et l'armature viennent toucher la vis *p'*; il en résulte que le levier *l l'* du récepteur suit les mouvements du levier *l l'* du relai, et que les courants envoyés, pendant un temps plus ou moins long, de la station éloignée dans le relai, produisent sur la bande de papier du récepteur des traces de longueur correspondante. Nous expliquerons plus loin (n° 86) la fonction de la vis p et du bouton K avec lequel elle communique par la tige centrale de la colonne et par une bande métallique (ligne ponctuée) placée sous le socle.

Manipulateur.

81. — L'appareil est représenté fig. 45.

Le levier $l\,l'$ est maintenu dans la position figurée, c'est-à-dire en contact avec la pièce p, par un ressort

Fig. 45.

R d'acier placé au-dessous; c'est la position du repos ou d'attente; le levier est en communication avec le fil de la ligne, comme l'indique la figure. En saisissant le bouton B avec la main, on fait basculer le levier autour de son milieu et on l'abaisse jusqu'au contact de p' qui est réuni à la pile ; on envoie ainsi le courant dans un relai, et aussi longtemps on le maintient dans cette position, aussi longtemps l'armature du relai est attirée par l'électro-aimant, et son levier abaissé de manière à envoyer le courant de la pile locale dans le récepteur Morse; ainsi le levier du relai suit le mouvement du levier du manipulateur, comme le levier du récepteur suit les siens. La vis V sert à régler la course du levier pour la facilité de l'employé[1].

Montage d'un poste à une seule direction avec le télégraphe Morse.

82. — La partie gauche de la planche III (Lyon) représente un poste de ce genre.

Le manipulateur est figuré dans la position de repos ou d'attente; si un courant arrive par la ligne, il vient au levier du manipulateur, le suit jusqu'au bouton *ré-*

---

[1] Le manipulateur Morse est le plus simple qu'on puisse imaginer, il ne porte que trois boutons, ligne, pile et réception. Nous avons expliqué déjà au nᵒ 59 qu'il est nécessaire de faire passer le courant dans le manipulateur avant de le conduire au récepteur, pour qu'on puisse couper la transmission qu'on reçoit et interrom-

ception, suit le fil de communication jusqu'au relai, parcourt le fil de l'électro-aimant du relai et va enfin à la terre qui complète le circuit [1].

L'armature du relai est alors attirée et le courant de la pile locale qui est amené au bouton p', suit l'armature, va à l'électro-aimant du récepteur et revient au pôle zinc de la pile locale, comme le montrent les flèches pointillées; l'armature du récepteur est donc attirée et, comme nous l'avons déjà dit, suit les mouvements de celle du relai, qui elle-même suit les mouvements du levier du manipulateur de la station éloignée.

Quand la station de Lyon, au lieu de recevoir, veut transmettre, l'employé doit abaisser le levier de son manipulateur vers p (c'est la position du manipulateur de Paris, planche III), toute communication cesse entre la ligne et le relai; le courant de la pile est envoyé sur la ligne par le levier, il la suit et, après avoir traversé le manipulateur et le relai de la station correspondante, se perd à la terre comme nous l'avons expliqué.

pre son correspondant en lui envoyant un courant qui fait marcher son relai et son récepteur dont il entend le bruit.

Dans tous les manipulateurs, quelque compliqués qu'ils soient, on retrouve ces trois boutons, tous les autres ne sont qu'accessoires.

Nous avons eu le soin de les désigner par les mêmes lettres dans tous les appareils décrits dans cet ouvrage.

[1] La marche de ce courant est indiquée par des flèches simples.

Réglage de l'appareil.

83. — Le récepteur se règle dans le poste même où il est placé, en faisant à la main basculer l'armature du relai de manière à produire une série bien régulière d'envois de courant correspondant à des points. Il faut que le gaufrage du papier soit le plus saillant possible sans qu'il soit déchiré et par conséquent que la pointe de la vis ne pénètre pas jusqu'au fond de la rainure ; le ressort antagoniste se règle d'après la force de l'aimantation, comme nous l'avons dit à propos du récepteur alphabétique (n° 64).

Le relai doit être réglé sur le courant de la station correspondante qui doit, au moyen de son manipulateur et avec une grande régularité, faire une série d'envois de courant correspondant à des points ; quand le bruit de l'armature du relai est bien régulier, on doit considérer l'appareil comme réglé.

Avantages du système Morse — Vitesse de transmission.

84. — L'appareil Morse a un avantage immense sur ceux que nous avons décrits précédemment ; il laisse trace de la dépêche transmise; de telle sorte que la responsabilité de l'employé transmettant et de l'employé recevant se trouve bien tranchée. Ce dernier n'a qu'à transcrire en langage ordinaire la dépêche reçue en écriture Morse, qui peut être retrouvée et servir de pièce à conviction.

Il a, par contre, l'infériorité sur le système alphabétique ordinaire de nécessiter une étude de l'alphabet et un apprentissage de la manipulation. De plus il ne permet pas une transmission rapide, surtout à de grandes distances. Un employé très-habile ne dépasse guère une moyenne de 60 signaux par minute.

Un avantage très-important de l'appareil Morse proprement dit, c'est qu'il permet de recevoir les dépêches par la simple audition ; un employé un peu habitué saisit en effet une correspondance au bruit fait par l'armature du récepteur. Cet avantage est tel qu'on a pu dans certains pays supprimer le papier et le rouage, et réduire l'appareil à un électro-aimant avec son armature et ses butoirs; ces appareils permettent d'ailleurs de faire la translation comme les récepteurs ordinaires. Ces petits instruments paraissent être assez employés aux États-Unis; on s'en sert actuellement dans une partie de l'Italie méridionale.

Le bruit fait par l'appareil Morse présente cette utilité ; un poste intermédiaire B est employé à faire la translation d'une dépêche entre deux stations A et C, entre lesquelles il est placé; cette dépêche n'ayant pas besoin d'être reçue au poste B, l'employé ne fait pas courir le rouage de réception et entend, sans l'écouter et sans la suivre, la transmission de la dépêche; si, à un moment donné, la station A veut parler à B, l'employé de B distingue aussitôt dans le bruit un peu confus de la dépêche transmise son nom prononcé par l'appareil et s'empresse de répondre; de même absolument qu'on assiste à une conversation sans l'écouter et la suivre, tandis qu'on est frappé par la prononciation de son nom au milieu de cette conversation.

Relais.

85. — Plus la distance entre les deux stations en correspondance est grande, plus il faut employer d'éléments de pile pour obtenir le fonctionnement des appareils; et l'embarras que cause une pile considérable aussi bien que la dépense qu'elle entraîne, empêchent généralement qu'on ne communique directement à plus de 500 kilomètres.

D'un autre côté, sur les lignes longues, les pertes de courant par l'humidité de l'air ou par les poteaux sont considérables et les chances d'interruption par le mauvais temps ou l'orage plus nombreuses, en proportion, que sur les lignes courtes.

Quand donc une dépêche doit être transmise d'un point à un autre très-éloigné du premier, elle passe par un ou plusieurs intermédiaires qui la transmettent tour à tour jusqu'à ce qu'elle arrive à destination.

Mais on peut éviter ces répétitions successives de la dépêche au moyen d'appareils, appelés *relais*, semblables à ceux que nous venons de décrire.

Considérons, pour fixer les idées, la ligne de Paris à Lyon qui ne fonctionne pas en général directement; un relais est placé à Dijon (pl. III); quand le courant venant de Paris passe dans l'électro-aimant de ce relai, son armature suit le mouvement du manipulateur de Paris, et le courant d'une pile placée à Dijon est envoyé à Lyon, comme nous avons expliqué (n° 82) qu'il était envoyé dans le récepteur Morse

Ce courant arrive à Lyon où il suit la marche que nous avons indiquée (n° 82).

En général, on doit chercher à éviter d'employer des relais qui sont souvent des causes de dérangement et toujours une cause de lenteur dans la transmission; en effet, il faut un certain temps pour que l'effet mécanique du relai se produise, et pour qu'il en résulte l'envoi du courant sur la seconde ligne; en outre, le fonctionnement est loin d'être absolument régulier par suite des variations de l'état de la ligne ou des piles; en résumé, ils introduisent une complication presque double dans le système télégraphique.

Translation.

86. — Cette disposition, telle que nous venons de l'indiquer, est incomplète; si, en effet, Lyon veut répondre à Paris ou l'interrompre pendant sa transmission, le courant qu'il enverrait suivant la ligne Lyon-Dijon, et arrivant à l'armature A, ne pourrait passer que par p qui le conduirait à la pile et ensuite à la terre ou à p' qui est isolé; il ne produirait donc aucun effet dans l'appareil de Dijon et aucun, par conséquent, à Paris; l'interruption n'aurait donc pas lieu; pour la rendre possible il faut nécessairement placer à Dijon un second relai dans l'électro-aimant duquel passe le courant venant de Lyon, et qui envoie alors un courant de la pile de Dijon à Paris.

La disposition des deux relais de Dijon est représentée fig. 46. Supposons de nouveau qu'un courant soit envoyé de Paris, il suit les flèches pointées, passe dans le relai de droite par le levier $l\,l'$ de l'armature et par le bouton p [1]; puis il parcourt le fil de l'électro-aimant E' du relai de gauche, et va à la terre. L'armature A' s'a-

---

[1] Ce bouton p communique au bouton k du relai fig. 44, dont nous avons annoncé (n° 80) que nous indiquerions l'emploi. — La fig. 46 ne le représente pas; elle est destinée à l'explication et ne reproduit pas fidèlement l'appareil, mais seulement son principe.

baisse alors vers E′, le levier l, l'_1 bascule et est amené
au contact de q_1 ; le courant de la pile de Dijon (n° 1)
passe alors par $q, l'_1 l_1$ et suit la ligne de Lyon (flèches
non pointées).

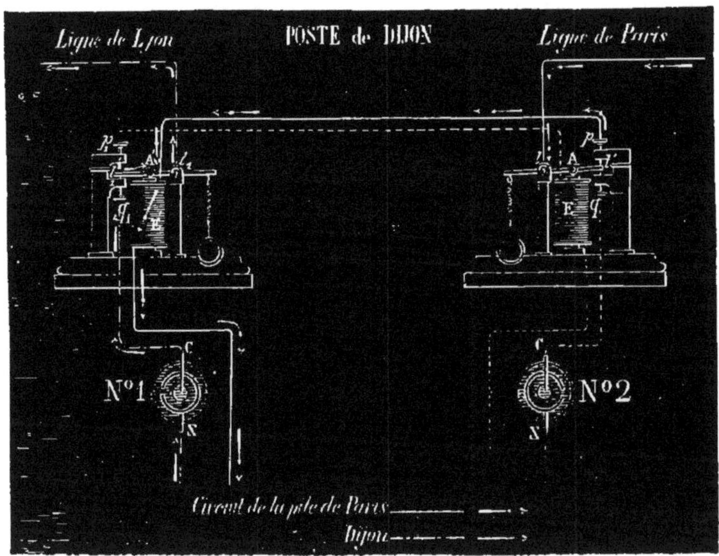

Fig. 46.

Si, au contraire, un courant est envoyé de Lyon, il
suit $l, l'_1 p,$ traverse l'électro-aimant E, et va à la terre;
le courant de la pile de Dijon (n° 2) est alors envoyé
par $q l' l$ sur la ligne de Paris.

Il est important que l'employé de Dijon surveille le
réglage de ce double relai, qui peut varier d'un moment
à l'autre avec l'état des lignes.

La disposition du relai double, que nous venons de décrire, donne la translation, mais ne permet au poste de Dijon ni d'envoyer ni de recevoir une dépêche. Aussi ne l'emploie-t-on que sur les lignes importantes où un fil est spécialement réservé à la communication entre les points extrêmes, comme c'est le cas pour la ligne de Paris à Lyon. Un second fil est alors destiné à la communication des stations intermédiaires entre elles et avec les stations extrêmes.

Nous donnons ici la disposition d'un poste intermédiaire ordinaire.

Montage d'un poste à deux directions disposé pour la translation avec le télégraphe de Morse.

87. — La planche IV représente la disposition d'un poste de ce genre, que nous appelons ici encore, pour fixer les idées, Dijon.

Nous supposons le poste de Paris transmettant simultanément à Dijon et à Lyon.

Le courant de la ligne de Paris suit les flèches (n° 1) et vient d'abord à la masse métallique du récepteur de gauche, et de là, par le levier pointeur, au bouton supérieur de la colonne de réglage, puis au manipulateur de droite, et enfin dans l'électro-aimant du relai de

droite, après quoi il retourne à Paris par la terre[1].
en résulte que l'armature du relai de droite est attirée
et que le courant de la pile locale est fermé[2]. Ce courant
part de la pile, va au bouton inférieur de la colonne
de réglage du relai R, puis par le levier de l'armature à
la colonne qui le supporte, de là à l'électro-aimant du
récepteur Morse R M et retourne à la pile P L.

Le passage de ce second courant produit le gaufrage
du papier dans le récepteur Morse R M, et la dépêche se
trouve reçue à Dijon.

Si on veut interrompre la transmission de Paris, on
n'a qu'à appuyer sur le bouton du manipulateur M; le
circuit n° 1 se trouve interrompu et on envoie à Paris
le courant de la pile P qui y produit des mouvements
dans le relai et le récepteur, qui dénotent l'interruption.

Ce manipulateur servira, par conséquent, lorsque de
Dijon on voudra transmettre une dépêche à Paris.

Il nous reste à montrer comment se fait la translation
par le récepteur R M. Supposons que l'électro-aimant
soit parcouru par le courant de la pile locale comme

---

[1] Le circuit de ce courant est désigné par le n° 1; il est tracé en
lignes pleines. Les flèches sont marquées d'un point noir à leur
milieu.

Le circuit de ce courant est désigné par le n° 2. Il est tracé en
lignes pointées simples. Les flèches sont marquées d'un cercle
blanc en leur milieu.

l'indique la figure ; le courant de la pile P[1] vient au bouton inférieur de la colonne de réglage du récepteur RM ; de là, par le levier-pointeur, à la masse du récepteur, et enfin au commutateur qui le conduit sur la ligne de Lyon. Ce courant arrivant à Lyon traverse le relai de ce poste et, par son intermédiaire, produit le tracé de la dépêche dans ce second point.

On voit que, dans ce poste de Dijon, tous les fils et appareils sont symétriques pour la ligne de Paris et de celle de Lyon.

Ainsi, quand on recevra une dépêche de Lyon, elle sera reçue par le relai R' et le récepteur R'M', qui produira la translation à Paris avec la pile P'. Le manipulateur servira à correspondre avec Lyon ou à l'interrompre.

Indiquons quelques simplifications à cette disposition théorique.

Les deux piles locales peuvent n'en faire qu'une puisqu'elles ne fonctionnent pas simultanément. Il y a avantage, comme nous l'avons dit au n° 20, à employer pour les piles locales des éléments de grande dimension ; quatre éléments, dont les zincs ont $0.^m20$ de haut, suffisent pour un poste intermédiaire comme celui que nous venons de décrire.

On peut également employer les mêmes éléments

---

[1] Le circuit de ce troisième courant est désigné par le n° 3 ; il est tracé en lignes trait-pointées ; les flèches sont toutes simples.

comme pile de ligne en P et P'; mais alors si les distances correspondantes aux deux postes correspondants sont inégales, on fait usage de commutateurs de pile placés entre la pile et le manipulateur pour changer le nombre d'éléments employés quand on change de correspondant.

Au moyen des commutateurs on peut, en les plaçant sur les touches 3, donner la communication directe. Si on les place sur les touches 2, il est facile de voir qu'on reçoit directement de chaque ligne dans le récepteur qui lui correspond, mais sans donner la translation. Enfin, si l'on met l'un des commutateurs seulement sur 2, tandis que l'autre reste sur 1, on reçoit du côté du premier commutateur et on produit la translation sur l'autre ligne ; mais on ne peut plus recevoir de la seconde ligne.

Ces dispositions peuvent être utiles dans le cas où quelqu'un des appareils est dérangé.

Montage à fil continu.

88. — On fait l'essai en France depuis quelque temps d'un système particulier de montage, qui est employé en Angleterre et que M. Bergon décrit ainsi[1] :

[1] *Annales télégraphiques*, janv. 1860, t. III, p. 88.

« Les fils omnibus ont une organisation spéciale. S'il s'agit, par exemple, de desservir cinq stations consécutives et rapprochées, A, B, C, D, E, on établit un fil entre A et E; ce fil passe dans chacune des stations B, C, D par le fil de l'électro-aimant d'un relai simple, c'est-à-dire sans disposition pour la translation et par le manipulateur. Les relais simples sont disposés de manière à fermer le circuit d'une pile locale dans laquelle se trouve le récepteur. Si donc deux stations quelconques de la série A, B, C, D, E, extrêmes ou non, veulent se parler, la station qui attaque donne les indicatifs de celle à laquelle elle veut s'adresser. Tous les appareils fonctionnent, mais la station appelée répond seule. Aussitôt que la transmission cesse, cette cessation est partout sensible et la conversation peut s'engager entre deux autres points. Ce système réalise une communication directe et simultanée et la communication directe est complétement indépendante du fonctionnement des appareils intermédiaires.

« On objectera peut-être que, sur cinq stations, deux seulement peuvent travailler au même moment, tandis que, avec les translations adoptées sur le continent, les stations placées vers les extrémités par rapport à celles qui travaillent, peuvent travailler aussi. Cet avantage est insignifiant, lorsque le nombre des stations engagées dans le fil omnibus ne dépasse pas un certain chiffre... Si une station n'a pas assez du cinquième de la journée pour écouler son travail, elle doit être retirée du fil omnibus pour être placée sur un fil semi-direct. »

On voit que ce montage est bien distinct de celui que nous avons décrit au n° 74. Ici chaque station a une pile et parle avec sa pile ; là, au contraire, les stations extrêmes sont seules munies de pile et la transmission a lieu avec la station de la pile attaquée. Il est facile de voir ici l'importance de l'avantage présenté par le télégraphe Morse (voir n° 84) qui est télégraphe auditif en même temps qu'écrivant.

Récepteur Morse faisant les signaux à l'encre.

89. — L'appareil Morse que nous avons décrit est à gaufrage, c'est-à-dire qu'il fait les signes en saillie dans la bande de papier ; cette manière a différents incon-vénients ; les signaux perdent de leur netteté quand on passe la bande entre les doigts ou qu'on l'enroule un peu serré ; de plus, on ne peut les voir que par l'ombre que leur saillie produit sur la bande elle-même, de sorte que les appareils doivent être placés devant une fenêtre et que dans une pièce mal éclairée la lecture est très-fatigante. C'est par cette raison qu'on a cherché à tracer les signaux à l'encre ; différents systèmes ont été proposés et on a fini par abandonner complétement en France l'appareil à gaufrage.

Nous décrirons l'un de ces instruments qui nous parait présenter des avantages sur le modèle le plus employé duquel il ne diffère d'ailleurs que très-peu.

La figure 47 représente l'appareil. Le rouage est peu différent de celui du récepteur Morse ordinaire. Le papier passe d'abord dans le guide G où il est légèrement retenu par le poids du rouleau r porté par l'axe o; il passe ensuite autour du gros rouleau R à surface rugueuse qu'il entraine dans son mouvement; puis il vient rouler sur un très-petit cylindre d'acier i de manière à faire un coude assez aigu à l'endroit où doivent se faire les signaux, et est enfin saisi par les deux cylindres N, N' à surface rugueuse qui sont conduits par le rouage et font marcher le papier.

Les mêmes lettres représentent les mêmes organes que dans la figure 42.

E est l'électro-aimant, A l'armature et B le bouton du ressort antagoniste dont le réglage a la même disposition que dans l'appareil à gaufrage. Le levier l, l' de l'armature A pivote en v, v'; les vis p, p' servent à borner sa course et à produire la translation. Ce levier porte à son extrémité supérieure une petite roulette ou molette m à la hauteur du coude i fait par le papier; cette mo-

Fig. 47.

lette dont la circonférence est couverte d'encre vient au contact du papier quand l'armature est attirée par l'électro-aimant et y produit des traits ou des points suivant que l'attraction dure plus ou moins.

L'encre est fournie à la molette par un tampon [1] en feutre ou en drap *t* qui appuie par son poids sur la partie supérieure de la molette, de manière à ne pas gêner les mouvements du levier de l'armature.

Pour obtenir des signaux bien marqués on donne à la molette un mouvement de rotation en sens contraire de la marche du papier au moyen d'un pignon porté par l'axe de la molette et d'une roue dentée portée par l'axe du rouleau R. Le papier dans son mouvement entraine ce rouleau R et, par suite, le pignon et la molette.

Nous avons dit (n° 80) que le gaufrage du papier exigeait beaucoup de force d'aimantation et que, pour l'obtenir, on était obligé d'employer un relai.

L'appareil à encre, au contraire, n'a besoin pour fonctionner que d'une faible aimantation et dispense de l'emploi d'un relai ; il en résulte plus de simplicité dans le montage des postes et plus de facilité dans le réglage.

D'ailleurs, la translation se fait tout comme avec les

----

[1] Ce tampon est semblable à ceux depuis longtemps en usage dans tous les télégraphes imprimeurs alphabétiques.

appareils à gaufrage et sans un intermédiaire aussi compliqué.

La figure 46 du relai double pour la translation montre comment elle peut avoir lieu avec deux récepteurs à encre.

L'instrument que nous venons de décrire n'est qu'un perfectionnement de celui imaginé par Thomas John de Prague

L'appareil John est le premier qui ait donné l'impression à l'encre des signaux Morse, au moyen d'une molette ou roulette entraînée dans le mouvement du papier; il lui a valu une médaille de platine de la Société d'Encou-ragement.

Sous la forme nouvelle que nous lui avons donnée, il a été employé avec succès en Angleterre, en Allemagne et dans quelques pays étrangers.

C'est en 1856 que John, Hongrois d'origine, et employé des Lignes Télégraphiques autrichiennes imagina de remplacer la pointe sèche du levier Morse par une petite roue tournant sur son axe quand le papier se déroule. Cette roue plonge en partie dans un encrier. Lorsque le levier la soulève, elle vient marquer une trace sur le papier. M. John fit breveter son invention le 15 octobre 1856.

Cet appareil fut essayé à l'administration des Lignes Télégraphiques, et même installé sur le chemin de l'Ouest, où il a donné et donne encore de bons résultats.

Mais on peut lui reprocher d'être trop échafaudé, et susceptible d'être dérangé facilement par les employés. Aussi tout en en conservant le principe qui est très-bon, nous l'avons modifié comme la description précédente l'indique.

V

SYSTÈME ÉLECTRO-CHIMIQUE DE BAIN.

90. — Un physicien anglais très-ingénieux, M. Bain, a imaginé un système très-différent du précédent, mais pour lequel il a fait usage du même alphabet que Morse.

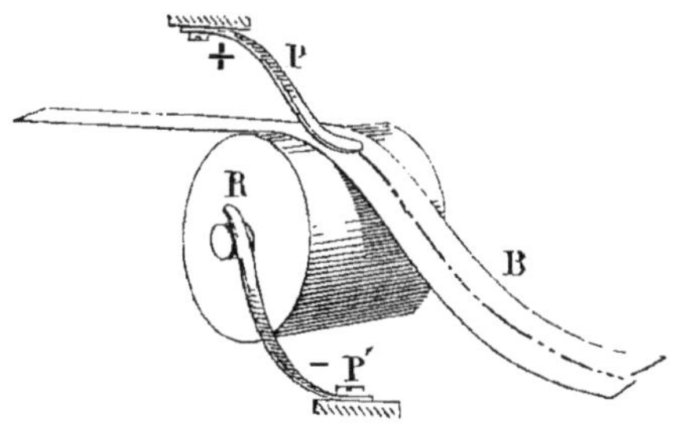

Fig. 48.

Une bande de papier indéfinie B (fig 48) est entraînée, comme celle de l'appareil Morse, par un rouage qu'on met en mouvement lorsqu'on veut recevoir une dépêche; elle passe sur un cylindre métallique R, et un ressort de fer ou d'acier P vient appuyer sur la face supérieure. Cette bande de papier est imprégnée d'une dissolution de cyanure jaune de potassium et de fer[1] ou prussiate jaune de potasse. Chaque fois que le courant traverse le papier chimique en passant du ressort P (pôle positif) au cylindre métallique (pôle négatif), une décomposition a lieu aux dépens du fer du ressort P et il y a formation de bleu de Prusse (cyanure de fer). On produit ainsi des signaux (points et traits) indélébiles d'un beau bleu se détachant sur le papier blanc. Pour que la décomposition puisse avoir lieu, il faut que le papier soit humide, ce qu'on obtient en ajoutant à la solution dans laquelle on le trempe une matière hygrométrique, l'azotate d'ammoniaque.

On la facilite encore en employant un ressort large P qui donne un passage plus facile à l'électricité.

91. — Le manipulateur est absolument semblable à

---

[1] M. Pouget Maisonneuve a indiqué la composition suivante dans laquelle on immerge le papier :

Eau..	100 parties.
Azotate d'ammoniaq. cristall. . . .	150 »
Cyanure jaune de potassium. . . .	5 »

Le papier ainsi préparé est très-hygrométrique et doit être conservé dans des boîtes métalliques hermétiquement closes.

celui de Morse. Bain avait proposé cependant un manipulateur automatique fort ingénieux, dans le but
d'obtenir une transmission très-rapide. Une bande de
papier est découpée par avance; des trous carrés ou
oblongs correspondants aux points et traits de l'alphabet Morse y sont pratiqués à la main ou au moyen
d'une machine particulière, et espacés de manière à
figurer la dépêche à transmettre; la bande ainsi pré-
parée est placée entre un rouleau de cuivre et un
ressort métallique comme celui du récepteur, puis
entraînée d'un mouvement rapide par un rouage;
chaque fois qu'un trou du papier se présente sous
le ressort, un contact a lieu entre le rouleau et le ressort, et, par suite, un envoi de courant dont la durée
est presque instantanée pour les trous carrés et un peu
prolongée pour les trous oblongs.

Cet appareil étant mis dans le circuit du récepteur
électro-chimique décrit plus haut, la série des signaux
(points et traits) faite au manipulateur sera reproduite
identiquement sur la bande du récepteur. Avec ce système on est arrivé à transmettre dans une même chambre
quinze cents lettres en une minute, vitesse qui n'a jamais
été dépassée, et qui présentait d'immenses avantages,
car, si elle avait pu être obtenue sur les lignes télégraphiques, elle aurait permis de faire, avec un seul fil, le
service d'une ligne de douze à quinze fils et de réaliser
d'immenses économies.

Mais il n'en a pas été ainsi; dès qu'une ligne un peu longue est placée entre les deux instruments, les signaux cessent d'être nets et distincts, et, pour une vitesse un peu grande, on obtient au lieu de signes distincts un trait bleu continu. Cette raison a empêché l'emploi du télégraphe de Bain, dont le principe a reçu et recevra cependant de nombreuses applications.

92. — M. Faraday l'a employé à des expériences fort remarquables que nous allons indiquer sommairement. Un manipulateur ordinaire (Morse) et un récepteur de Bain étaient placés l'un à côté de l'autre dans un même poste; une ligne télégraphique d'environ 2,400 kilomètres de longueur totale était placée entre ces deux appareils; le pôle zinc de la pile et le second fil du récepteur étaient mis séparément en communication avec la terre.

Chaque fois que le circuit est fermé par le manipulateur, on voit qu'un certain temps s'écoule avant que le courant passe dans le récepteur et, de plus, qu'il n'a pas dès le début l'intensité régulière et normale qu'il doit atteindre; on voit la trace bleue produite par le courant, très-peu marquée d'abord, se foncer de plus en plus jusqu'à un moment où elle atteint un maximum qu'elle ne dépasse pas. De même, au moment où le courant est interrompu au manipulateur, on ne le voit pas cesser immédiatement au récepteur, mais décroître progressivement jusqu'à disparaître tout à fait.

Ces effets sont rendus d'autant plus sensibles que la vitesse de translation de papier du récepteur est plus grande.

Ils sont plus marqués quand la distance est plus grande, plus marqués sur une ligne souterraine que sur une ligne aérienne d'égale longueur, et plus encore sur une ligne sous-marine.

Ces observations montraient déjà qu'à l'extrémité d'un long conducteur, le courant n'atteint pas d'emblée son intensité définitive, mais qu'elle augmente graduellement avant d'être à son maximum.

Les expériences de M. Gaugain sur les conducteurs médiocres, tels que des fils de coton, et celles de M. Guillemin sur les lignes télégraphiques, sont venues éclairer d'une lumière nouvelle ces questions importantes.

De l'ensemble de ces travaux il ressort les conclusions suivantes :

1° La terre ne se comporte pas comme un conducteur de faible résistance;

2° La transmission de l'électricité n'est pas instantanée; elle demande un temps qui augmente avec la longueur du conducteur et plus rapidement que la simple proportion de ces mêmes longueurs; à égale longueur du conducteur, la transmission est plus lente dans les lignes sous-marines que dans les souterraines, et plus lente dans ces dernières que dans les aériennes;

3° Le courant n'acquiert pas immédiatement, à l'extrémité de la ligne éloignée de la pile, cette intensité normale qu'il conserve ensuite indéfiniment si la source ne change pas. Avant d'arriver à cet *état permanent*, où l'intensité est maximum, le courant passe par un *état variable* où l'intensité va croissant à l'extrémité de la ligne. De même, quand le courant est interrompu, il y a une seconde période d'état variable où l'intensité va décroissant.

4° La transmission est plus lente quand l'isolement de la ligne est défectueux que quand il est satisfaisant; c'est-à-dire que, dans ce cas, le courant met un temps plus long à acquérir son intensité définitive.

Revenant enfin à l'appareil de Bain, nous voyons que les expériences de Faraday expliquent comment, pour une transmission rapide, les signes fournis par l'appareil Bain cessent d'être séparés nettement et deviennent peu lisibles, ou même pour une vitesse plus grande, se confondent en un trait continu presque uniforme.

On peut éviter cette confusion de signaux en faisant usage d'un relai et d'une pile locale; le circuit dans lequel est placé le récepteur *Bain* étant très-court, la durée de l'état variable est presque nulle et les signaux sont bien distincts, mais la vitesse de transmission est subordonnée à celle du relai et ne peut pas dépasser de beaucoup celle de l'appareil Morse.

L'embarras que donnent la préparation du papier chimique et sa conservation, a empêché l'usage du télégraphe Bain, ainsi modifié, de se répandre.

VI

SYSTÈME DE COOKE ET WHEATSTONE.

93. — Cet appareil, dont le principe avait été indiqué par Ampère en 1820, est dans sa construction le plus simple de tous; c'est aussi celui qui, le premier, a fonctionné sur une ligne de quelque étendue (juillet 1837).

Il a reçu différentes modifications et a pris la forme représentée fig. 49.

Les deux aiguilles servent à la réception, les deux manettes qu'on voit à la partie inférieure servent à la transmission.

De même que l'appareil à deux aiguilles français, cet instrument est composé de deux appareils distincts dont un seul pourrait suffire à la communication télégraphique et dont chacun exige un fil sur la ligne.

Le récepteur est une simple boussole verticale à deux

aiguilles dont l'une est placée au milieu du cadre gal-
vanométrique; la seconde, montée sur le même axe, est
placée en dehors du cadre et sert d'indicateur. Les oscillations de ces deux aiguilles produisent les signaux;

Fig. 49.

deux goupilles en bornent l'étendue à droite et à gauche;
la composition de l'alphabet est indiquée sur le cadran.

La croix est indiquée par un mouvement de l'aiguille gauche vers la gauche;

L'A, par deux mouvements à gauche;

Le B, par trois mouvements à gauche;

Le C, par un mouvement à gauche suivi d'un à droite.

Il est facile de comprendre, par analogie, comment se font les lettres D, E, F, G, encore avec l'aiguille de gauche, les lettres L, H, I, K, M, N, O, P, avec l'aiguille de droite;

Les lettres U, R, S, T, V, W, X, Y, se font avec les deux aiguilles se mouvant simultanément et parallèlement; la lettre O, en faisant converger les deux aiguilles vers le haut; la lettre Z en les faisant converger vers le bas;

Les chiffres se font :

1 comme la lettre C			6 comme la lettre M		
2	—	— D	7	—	— N
3	—	— E	8	—	— R
4	—	— H	9	—	— U
5	—	— L	0	—	— V

et enfin X, qui est le point final, comme la croix; un signal conventionnel sert à passer des chiffres aux lettres ou inversement.

Le manipulateur est un simple commutateur inverseur; quand il est dans la position verticale, le courant n'est pas envoyé sur la ligne; suivant qu'il est incliné à droite ou à gauche, le courant est envoyé dans un sens

ou dans l'autre, et l'aiguille du récepteur correspondant s'incline du même côté; le récepteur placé au-dessus
du commutateur est toujours dans le circuit de la ligne,
de sorte qu'il reproduit les signaux transmis que l'employé voit, par conséquent, répétés devant ses yeux à
mesure qu'il les fait.

TROISIÈME PARTIE

LIGNES TÉLÉGRAPHIQUES

Les fils télégraphiques peuvent être placés en l'air, supportés par des poteaux le long des routes ou des chemins de fer, ou bien sous terre, ou enfin sous l'eau, pour traverser des rivières très-larges et des mers.

I

LIGNES AÉRIENNES

Chacun a vu, le long des chemins de fer et des routes dans les provinces non encore sillonnées par les chemins de fer, ces fils en nombre variable, suivant l'activité des communications, supportés de distance en distance par des pièces de porcelaines fixées à des poteaux en sapin.

Fils.

94. — On a employé, au début, sur les lignes aériennes, le fil de cuivre comme conducteur; on l'a abandonné à cause de son prix élevé et de son peu de solidité, et on emploie partout aujourd'hui le fil de fer galvanisé.

Longtemps le fil de 4 $^m/_m$ de diamètre (n° 8 de la filière anglaise) a été presque exclusivement en usage en France ; on préfère aujourd'hui le fil de 3 $^m/_m$ (n° 11 anglais) qui, à la vérité, offre une résistance presque double au passage de l'électricité, mais qui, pour une même longueur, coûte environ un tiers de moins que le fil de 4 $^m/_m$. Sur les lignes très-longues, on emploie, en Angleterre, du fil très-gros de 6 $^m/_m$ ou 6 $^m/_m$,5 de diamètre [1], dans le but de diminuer la résistance de la ligne.

Ligatures.

95. — On fait usage, pour réunir les uns aux autres les bouts de fil qui composent la ligne, de différents moyens :

1° On juxtapose les deux bouts de fils à attacher sur une longueur de 5 centimètres environ (fig. 50) : on aplatit

Fig. 50.

[1] *Annales télégraphiques.* Janvier 1860, t. III, p. 92. — *Bulletin.* Rapport de M. Bergon.

C'est aussi ce fil qu'on a employé sur la ligne de Constantinople à Bagdad de 2,250 kilomètres, qui a été récemment ouverte et qui a une si grande importance.

leurs extrémités sur une longueur moitié moindre, ou on les recourbe de manière à former une sorte de crochet très-serré, et on enroule autour d'eux, en le serrant le plus possible, un fil de $1^m/_m$ de diamètre, dit *fil à ligatures* (de cuivre ou de fer galvanisé); on peut enfin, pour plus de sûreté, souder toute la masse à l'étain.

Cette attache, faite avec soin, est aussi solide que le fil lui-même, et elle n'oppose aucune résistance à l'électricité ; elle nous paraît être de beaucoup la meilleure qu'on ait employée. C'est celle qui est exclusivement en usage en Angleterre.

2° L'administration française a adopté, depuis quelque temps, le procédé suivant pour les ligatures [1] :

On pince dans une mâchoire M (fig. 51) les deux fils

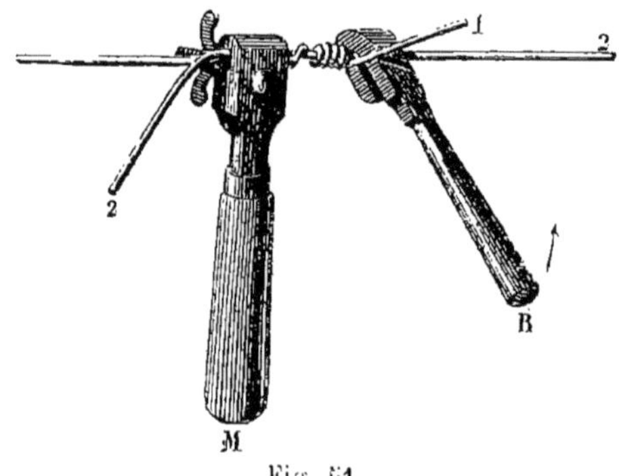

Fig. 51.

[1] Cette ligature est employée depuis longtemps en Espagne, et nous la désignons habituellement sous le nom de *torsade espagnole*.

1 et 2, les bouts dépassant à droite et à gauche, et on
enroule le bout du fil 1 sur le fil 2 au moyen de l'outil R,

Fig. 52.

représenté à part (fig. 52), et que nous appellerons *l'en-
rouleur*, deux ou trois tours suffisent ; on fait la même
chose ensuite de l'autre côté de la mâchoire M ; c'est-à-
dire qu'on enroule le bout du fil 2 sur le fil 1 ; après
quoi on enlève la mâchoire ; les deux torsades sont alors
éloignées l'une de l'autre de l'épaisseur de cet outil,
mais, quand une traction énergique est exercée sur le
fil, elles se rapprochent, et la ligature complète prend
l'aspect représenté fig. 53.

Fig. 53.

Le procédé que nous venons de décrire pour faire
cette ligature, et qui nous a été indiqué par M. Lemoyne,
directeur divisionnaire des lignes télégraphiques, n'est
pas le seul qu'on puisse employer, mais il est, suivant
nous, le plus commode.

3° Longtemps on a employé en France le procédé de
ligature suivant : On pince simultanément les deux bouts

des deux fils juxtaposés dans deux mâchoires, dites *mâ-choires à tordre* (fig. 54), et, saisissant ces deux outils

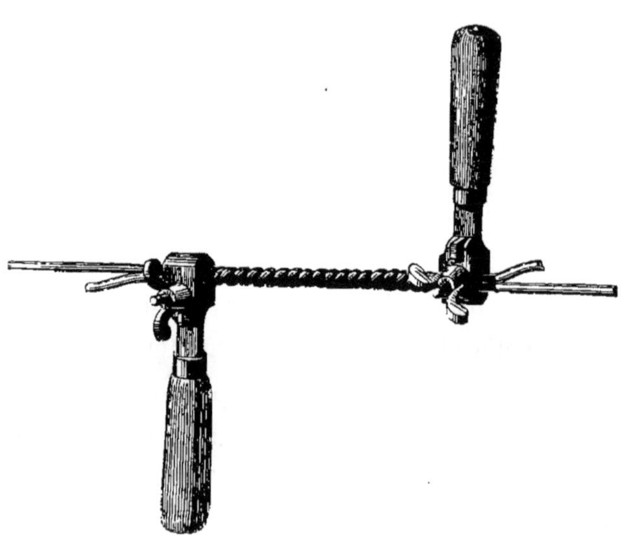

Fig. 54.

par leurs manches en bois, on tord le tout sur lui-même; une fois cette torsade faite, on enlève les mâchoires et on coupe à la lime les bouts qui dépassent. Dans la torsade espagnole, on voit que les fils ne sont pas proprement tordus, mais seulement enroulés chacun sur l'autre, tandis qu'ici, dans l'ancienne *torsade française*, les deux fils sont tordus chacun autour de l'autre. Cette torsion est une épreuve très-rude pour le fil; celui qui n'est pas excellent ne la supporte pas et se rompt; cette raison doit faire préférer la torsade espagnole, qui est

tout aussi facile à faire, avec laquelle on n'a pas même
besoin d'une lime pour couper les bouts excédants et qui
ne fait pas perdre la moindre longueur de fil.

Ces deux ligatures deviennent bien meilleures si on a
le soin de les tremper dans un bain d'étain chaud qui
soude les deux fils : cette précaution supprime presque
complétement la résistance à l'électricité.

4° On a employé aussi, pour l'attache des fils, un
moyen fort simple que voici : Deux trous sont percés
dans le manchon de fer m d'un diamètre presque égal
à celui des fils (fig. 55), on passe les deux bouts des fils

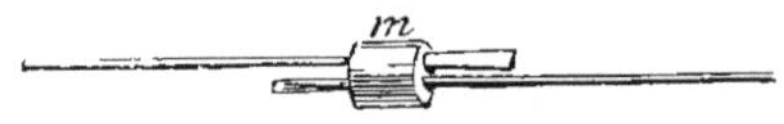

Fig. 55.

dans ces trous et on aplatit d'un coup de marteau leurs
extrémités qui ne peuvent plus repasser dans le trou du
manchon, et se trouvent ainsi arrêtées.

Ces ligatures ont l'inconvénient de ne pas pouvoir
passer dans les crochets des cloches de suspension ou
dans les anneaux, ce qui est fort gênant ; de plus, elles
présentent une résistance énorme au passage de l'électricité ; c'est pour ces raisons qu'on a renoncé depuis
quelque temps à leur emploi.

Poteaux.

96. — Autrefois on plaçait les supports à 50 mètres les uns des autres ; peu à peu on les a éloignés davantage ; aujourd'hui on les espace de 100 mètres en ligne droite et leur nombre est réduit à 12 ou 13 en moyenne par kilomètre.

Dans des pays montagneux on est amené à franchir les vallées par des portées très-grandes qui peuvent dépasser 500 mètres. C'est ainsi que sur la ligne de Blidah à Medeah, de 20 kilomètres, on ne compte que 40 supports. Voir *Considérations sur la construction des lignes aériennes*, par M. Blerzy. — *Annales télégraphiques*, tome II, page 341.

On fait souvent usage aussi de ces grandes portées à la traversée des rivières ou dans les villes, comme entre les Tuileries et le Ministère de la marine, ou le même Ministère et la Chambre des députés.

A part l'économie qui résulte de ce système, on comprend que la ligne est mieux isolée que si elle avait un plus grand nombre de supports, car chacun d'eux est une cause de dérivation ou de perte du courant.

Dans les villes, on fait porter les fils sur les bâtiments, par l'intermédiaire de planchettes de bois fixées directement sur la muraille, ou tenues à distance par des consoles en fer, ou encore au moyen de potelets dépassant la toiture.

Hors des villes, quand on ne trouve pas d'arbres qu'on puisse employer comme supports, et c'est le cas le plus général, on plante des poteaux en sapin de différentes hauteurs, suivant les cas.

Pour les conserver plus longtemps, on carbonise la partie inférieure qui doit être enterrée, ou bien on l'enduit de goudron.

En France, on les injecte d'une dissolution de sulfate de cuivre (procédé du docteur Boucherie) qui les conserve pendant un temps qu'il n'est pas encore possible de fixer, car les premiers poteaux préparés de cette façon, et placés, en 1848, sur la ligne du Nord, sont encore en parfait état.

La dimension presque exclusivement adoptée par l'administration française, est 8 mètres de longueur ; pour passer au-dessus des voies de chemin de fer, on emploie des poteaux de 10 mètres, enterrés de 2 mètres dans le sol.

ISOLATEURS

Cloches de suspension.

97. — Pour isoler les fils des poteaux, on emploie des pièces de porcelaine de différentes formes. Les plus employées en France sont les *cloches de suspension* dont le modèle ordinaire est représenté à la partie inférieure de la figure 61, page 196.

Cette cloche porte deux oreilles percées chacune d'un trou où passent les vis au moyen desquelles on la fixe au poteau ; on soude dans l'intérieur (voir la coupe, fig. 56)

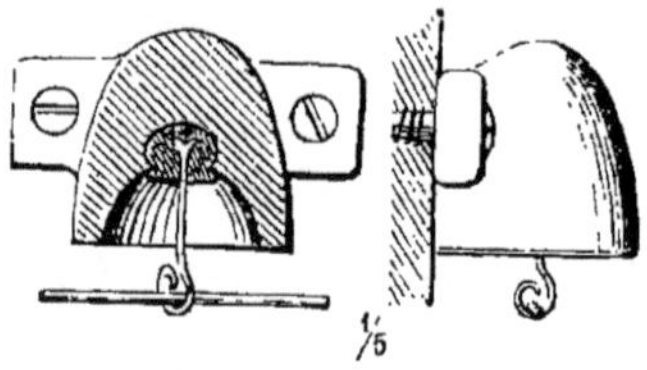

Fig. 56.

un crochet en fer galvanisé au moyen d'un mélange de limaille de fer et de soufre fondu, ou simplement avec du plâtre trempé de colle forte liquide.

Cet isolateur présente donc la forme d'une tasse renversée, motivée par la raison suivante : la pluie qui tombe sur les cloches et les poteaux rend leur surface conductrice et amènerait des pertes de courant considérables à chaque support, et une interruption complète du service pendant le mauvais temps, si la partie intérieure de la cloche ne restait pas sèche et ne maintenait pas le crochet, et, par suite, le fil isolés de la terre.

La cloche que nous venons de décrire a été longtemps seule employée en France ; elle convient très-bien dans les pays chauds et peu humides.

La *cloche espagnole* (fig. 57) ne diffère de la cloche

Fig. 57

ordinaire que par le mode de suspension ; elle est attachée au poteau par une bride qui se loge dans une rainure faite au corps de la cloche et qui se fixe au poteau par quatre vis.

98. — Depuis quelques années on fait usage, de préférence, de la cloche figure 58, qui est de dimensions plus grandes, et par cela seul isole mieux ; qui, de plus, présente une plus grande surface intérieure abritée et sèche pendant la pluie ; qui, enfin, n'est appuyée sur le poteau que par deux parties d'une assez faible étendue où sont fixées les vis.

Fig. 58.

Par des temps très-humides, et en particulier pendant les brouillards, une légère couche d'humidité se dépose sur toute la surface, tant intérieure qu'extérieure, des isolateurs en porcelaine, et la rend quelque peu conductrice. Chaque support devient alors (nº 64) un point de dérivation du courant à la terre, et une grande quantité d'électricité se perd, d'où résultent quelquefois des interruptions dans la transmission des dépêches ; ces interruptions sont surtout fréquentes en Angleterre et en France sur les lignes du Nord.

C'est là un inconvénient auquel on n'a pas trouvé de remède absolu, mais qu'on peut diminuer en augmentant les dimensions des isolateurs, et, par suite, le *trajet de la perte*.

On a proposé d'augmenter encore ce *trajet de la perte*

en recouvrant le crochet soudé dans la cloche, d'une couche d'émail isolant, et en recourbant deux fois ce crochet, de manière à l'allonger.

L'administration des lignes télégraphiques françaises a employé ces cloches sur presque toutes ses lignes; elles ont présenté un inconvénient qu'il était difficile de prévoir. Dans beaucoup de cas, le fil, qui oscille continuellement sous l'influence du vent, a usé la surface de l'émail, qui a présenté alors des rugosités et a peu à peu rongé et coupé le fil. Nous pensons qu'il y aurait avantage à conserver les crochets émaillés, en ayant le soin d'enlever l'émail dans la partie qui est en contact avec le fil, ou en employant quelque autre artifice pour éviter l'usure du fil au point de départ.

On place en général les isolateurs à 30 centimètres de distance verticale, et, pour écarter les fils encore davantage les uns des autres, on les place alternativement devant et derrière le poteau, de sorte que sur une ligne à six fils, le premier, le troisième et le cinquième sont en avant, et les trois autres sur la face postérieure. Cette disposition a l'avantage de diminuer le nombre des mélanges de fils.

Anneaux.

99. — Quand on place des cloches de suspension ordinaires (fig. 57, 58) dans des points où la ligne fait un angle brusque, il arrive souvent que le crochet de suspension est plié ou en dedans ou en dehors, et quelquefois qu'il est arraché ; dans ces cas particuliers, il convient d'employer des isolateurs appelés anneaux et représentés par les figures 59 et 60.

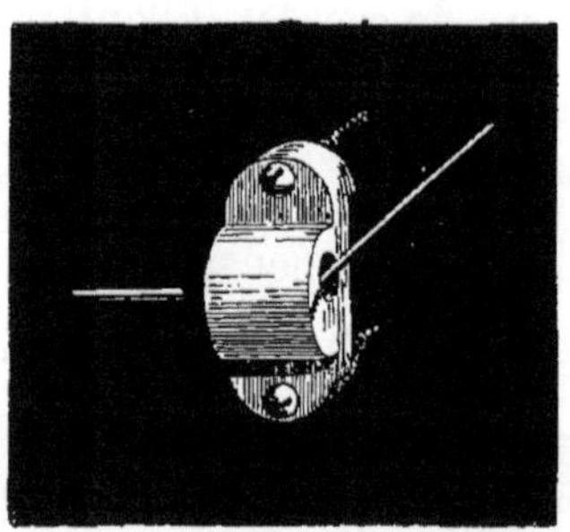

Fig. 59.

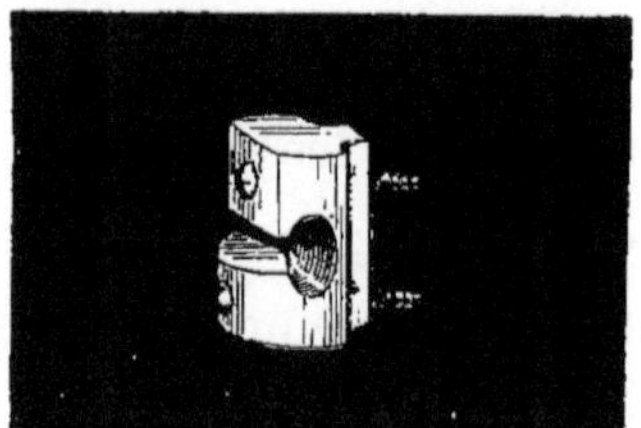

Fig. 60.

L'anneau fermé (fig. 59) et *l'anneau ouvert* (fig. 60) sont entièrement en porcelaine ; le fil passe par le trou ménagé dans la partie centrale ; l'isolateur est fixé au poteau par le moyen de deux vis représentées dans les figures.

Le second est plus commode, parce que le fil s'y place avec la même facilité que dans le crochet d'une cloche de suspension, tandis que, si le premier vient à casser, on est obligé de couper le fil pour le remplacer.

Les anneaux doivent être placés tous sur la même face du poteau, et de telle manière que le fil ne tende pas à les arracher, mais, au contraire, à les appuyer contre le poteau.

Tendeurs.

100. — De kilomètre en kilomètre, au lieu de la simple cloche de suspension que nous avons décrite, on place un appareil appelé *tendeur* et représenté à la partie supérieure de la figure 61, qui, en même temps qu'il isole, permet de donner une tension uniforme aux différents fils d'une même ligne, de régler cette tension de la manière la plus convenable, et, enfin, de la diminuer commodément à l'approche des froids de l'hiver, qui, en raccourcissant les fils, les font casser quelquefois.

Le support du tendeur est en porcelaine, il porte deux oreilles percées de trous dans lesquels passent des boulons en fer à tête carrée, qu'on peut serrer en faisant usage de la partie *b* de la clef à deux fins H, représentée par la figure 61. Ces boulons servent à fixer la pièce en porcelaine au poteau. Ce support présente, comme la cloche, une partie rentrante qui ne peut être mouillée par la pluie et qui assure l'isolement. Le tendeur pro-

Fig. 61.

prement dit est en fer et composé de deux parties réunies l'une à l'autre et maintenues par la cheville C; dans chacune d'elles est monté un treuil ou tambour dont l'axe porte une roue à rochet commandée par un cliquet, et se termine par une partie carrée; la figure montre comment la clef de traction H se place sur le bout carré de l'axe, et comment, le bout du fil une fois engagé dans le petit trou percé diamétralement dans le tambour, on peut l'enrouler plus ou moins sur ce treuil, en tournant la clef H. C'est de cette façon qu'on augmente ou diminue la tension du fil, et qu'on rend uniforme celle des différents fils d'une même ligne.

Le tendeur (fig. 61), est désigné sous le nom de *tendeur à tête de mort*, à raison de la forme de son support en porcelaine.

On emploie fréquemment aussi le *tendeur à cloche* (fig. 62).

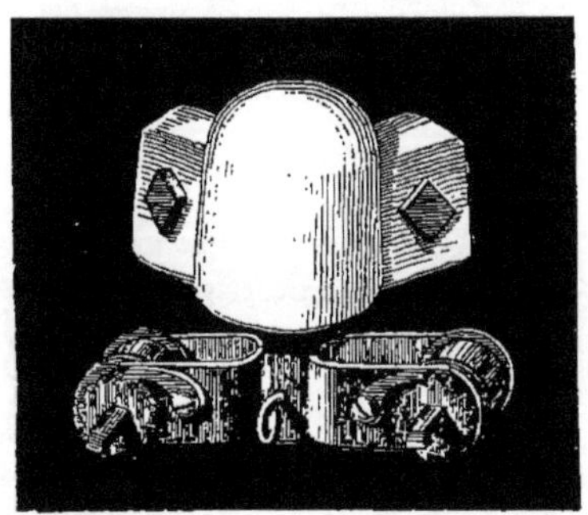

Fig. 62.

Son support en porcelaine a quelque analogie avec la cloche de suspension. Une pièce en fer qu'on appelle la *chape* du tendeur est soudée au soufre ou au plâtre dans la cloche; c'est à cette chape que s'attache le tendeur au moyen d'une cheville à tête, comme celle C (fig. 61). Ce tendeur étant d'une seule pièce oppose une moindre résistance au passage de l'électricité.

La figure 63 représente le *tendeur espagnol*, très-analogue au tendeur à cloche, mais attaché au poteau par une bride pareille à celle de la *cloche espagnole*.

Fig. 63.

Fig. 64.

La figure 64 représente le *tendeur à charnière*, dont les deux treuils peuvent prendre toutes les positions possibles en tournant autour de la chape ronde verticale, scellée dans la cloche en porcelaine. Ce tendeur est aujourd'hui employé presque exclusivement par l'administration française.

On emploie aussi quelquefois des tendeurs montés sur poulie (fig. 65), qui servent à arrêter le fil aux stations.

Fig. 65.

Supports d'arrêt.

101. — Pour arrêter les fils aux stations, on fait usage de poulies d'arrêt (fig. 66); on enroule le fil une

Fig. 66.

ou deux fois dans la gorge de la poulie, et on l'arrête

en enroulant le bout qui dépasse sur le fil tendu lui-même.

Ces poulies sont, comme les anneaux, d'assez mauvais isolateurs, et on les remplace presque partout, aujourd'hui, par les *cloches d'arrêt* (fig. 67). La cloche de

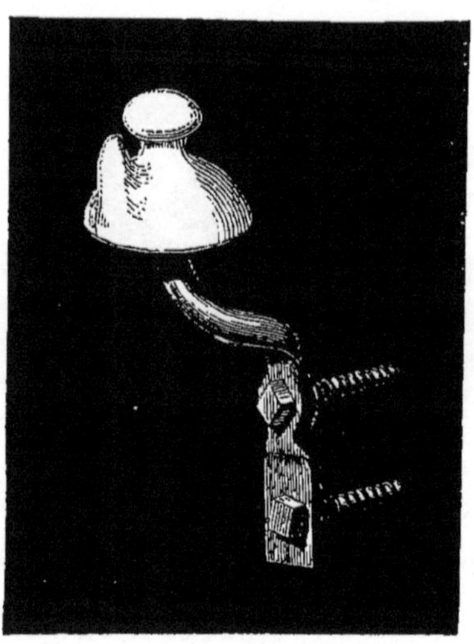

Fig. 67.

porcelaine est soudée à l'extrémité d'un support recourbé en fer galvanisé, qui se fixe au poteau au moyen de deux boulons à tête carrée.

Le fil tourne deux fois autour du bouton qui forme la partie supérieure de la cloche et est ensuite enroulé sur lui-même.

La pièce de porcelaine présente une cavité intérieure

comme les cloches de suspension; cette partie est abritée et isole le fil du poteau pendant la pluie [1].

On fait quelquefois usage de *cloches d'arrêt doubles*
que la figure 68 fait assez comprendre.

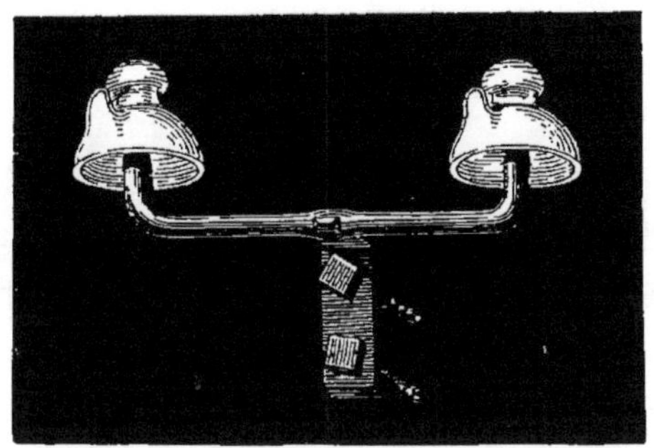

Fig. 68.

Le fil de la ligne une fois arrêté à ses supports d'arrêt, on y attache ou on y soude un fil plus fin, généralement en cuivre, recouvert de gutta-percha, qu'on fait
descendre jusqu'aux appareils placés à l'intérieur de la
station.

Il est facile de comprendre qu'il revient au même de
souder le crochet qui porte le fil dans l'intérieur de la
cloche, dont l'extérieur est au contact du poteau, ainsi
qu'on le fait dans les cloches de suspension ; ou bien de
souder le support en fer dans l'intérieur de la cloche de

[1] On a fait quelquefois émailler le support en fer des cloches
d'arrêt; c'est là sans doute une addition très-avantageuse pour
l'isolement, mais assez dispendieuse.

porcelaine, comme on le fait dans les cloches d'arrêt (fig. 67 et 68.) La partie abritée de la porcelaine a toujours pour effet d'isoler le fil du poteau pendant la pluie.

Isolateurs divers.

102. — On regarde, en Allemagne, comme avantageux d'arrêter le fil à chaque support et de supprimer les tendeurs.

Si, en effet, un fil vient à se casser, le dérangement est bien localisé entre deux poteaux, tandis qu'avec le système français le mélange des fils se produit sur toute l'étendue qui sépare deux tendeurs.

D'un autre côté, l'usage des tendeurs présente des avantages considérables pour la construction de la ligne et son entretien. Voir n° 100.

La *cloche à tige droite* (fig. 69), que nous avons proposée dans ces derniers temps, présente quelque analogie avec les isolateurs allemands. Sa construction est extrêmement simple ; elle se place verticalement et se visse dans la partie supérieure du poteau. Le fil s'attache au bouton supérieur de la cloche, soit en l'enroulant deux fois autour de ce bouton, soit au moyen de petits fils entourant le bouton, et enroulés sur le fil de ligne comme pour une ligature. Cet isolateur présente ces avantages,

que les petites vis employées pour fixer tous les autres
sont supprimées, qu'il n'y a, pour le poser, qu'un seul
trou à faire à la vrille dans le poteau, au lieu de deux

Fig. 69.

ou quatre; qu'on n'a pas besoin, pour les fixer, de tour-
nevis, et que, par conséquent, la pose est plus facile,
plus prompte et demande un moindre nombre d'accessoires qui, comme les vis, se perdent très-facilement ou
se détériorent [1]. Il est vrai qu'on ne peut placer qu'un
seul isolateur de ce genre sur chaque poteau ; quand on

[1] Les tendeurs n° 100 et les anneaux n° 99, qui sont nécessaires avec les cloches de suspension ordinaires (fig. 56, 57, 58) sont
inutiles avec ce genre d'isolateurs, et le matériel de la ligne est
réduit à un ou deux modèles d'isolateurs seulement; c'est là une
simplification très-avantageuse.

a deux fils ou un plus grand nombre à poser, on est obligé de faire usage des isolateurs (fig. 70) qui se vis-

Fig. 70.

sent à différentes hauteurs sur le poteau; pour empêcher qu'ils ne tombent à droite ou à gauche sous l'effort exercé par le fil, on les fixe au moyen d'une petite vis figurée à la partie inférieure, ou d'un simple clou enfoncé au marteau.

Galvanisation.

103. — Les fils de fer, les tendeurs, les crochets et les vis, en un mot, tous les objets en fer employés sur les lignes télégraphiques aériennes seraient promptement rouillés s'ils n'étaient *galvanisés*, c'est-à-dire recouverts d'une couche de zinc, absolument comme les objets étamés sont recouverts d'étain. Ce procédé, pour la conservation du fer, est dû à M. Sorel, ingénieur français ; son application aux objets de télégraphie est l'une des premières, et, sans contredit, l'une des plus importantes qu'il ait reçues. Il est mis en œuvre dans l'usine fondée par M. Sorel, et dirigée, depuis 1847, par M. Carpentier, qui a, le premier, obtenu un succès industriel.

Le procédé de la galvanisation du fer consiste à le décaper dans un bain d'eau acidulée et à le plonger ensuite dans du zinc fondu aussi pur que possible.

Le zinc se recouvre au contact de l'eau ou de l'air humide d'une légère couche d'oxyde insoluble, qui le préserve d'une oxydation et d'une destruction ultérieures ; mais le zinc ne protège pas seulement le fer de la rouille, en le mettant à l'abri du contact de l'air et de l'eau ; il agit de plus électriquement ou galvaniquement[1] pour empêcher l'oxydation des parties non recouvertes de zinc.

C'est sur ce point important que nous allons donner quelques détails.

Toutes les fois que deux métaux inégalement oxydables sont mis en contact, le plus oxydable constitue l'autre à l'état électro-négatif et le préserve de l'oxydation ; si, par exemple, on plonge dans l'eau une lame de zinc et une lame de fer, mises en contact par une surface plus

---

[1] C'est cette raison qui justifie le nom de *fer galvanisé* donné au fer zingué, nom qui au premier abord paraît mal choisi.

12

ou moins étendue, ou simplement mises en communication électrique au moyen d'un fil métallique, on voit le fer rester parfaitement intact, quel que soit le temps que dure l'expérience ; c'est précisément ce qui arrive pour les parties du fer galvanisé non recouvertes de zinc.

Ce principe d'électro-chimie, découvert par sir Humphry Davy, avait déjà reçu de lui une application à la préservation du doublage en cuivre des navires au moyen de plaques de zinc appliquées sur ce doublage [1].

Il est important de remarquer que le fer étamé et plus encore le fer plombé ont des propriétés tout opposées à celles du fer zingué ou galvanisé ; en effet, le fer étant plus oxydable que l'étain, si une petite partie reste à découvert, elle se rouille, et cette oxydation marche plus rapidement que s'il n'y avait pas d'étain, parce qu'il se constitue un couple dont le fer est l'élément électro-positif et l'étain l'élément électro-négatif.

[1] Cette application a dû être abandonnée parce qu'il se formait sur le cuivre un dépôt très-adhérent d'oxydes calcaire et magnésien qui gênait la marche des navires ; ce dépôt est dû à la décomposition des sels à bases insolubles contenus dans l'eau de la mer Voir Delarive, *Traité d'électricité*, tome II; p. 623.

II

LIGNES SOUTERRAINES

104. — Si les lignes souterraines n'avaient jamais besoin d'entretien ou de réparations, elles mériteraient, malgré leur prix d'établissement si considérable, la préférence sur les lignes aériennes.

Mais, jusqu'ici, on n'est pas parvenu à les construire assez solidement et à les isoler d'une manière suffisamment durable pour n'avoir pas besoin de les entretenir.

Il paraît donc prudent de ne placer les lignes télégraphiques sous terre que dans des cas spéciaux, comme au passage des villes où on veut éviter la trop grande multiplicité des fils en l'air.

On a fait de nombreux essais de conducteurs souterrains ; le système le plus avantageux paraît être celui qu'adopte aujourd'hui l'administration française, et qui est, depuis quelques années déjà, en usage en Angleterre ; les conducteurs sont en cuivre, recouverts d'une ou deux gaines de gutta-percha ; ces fils recouverts sont réunis en nombre convenable, suivant l'activité des communications, et forment une sorte de gros câble sans torsion aucune, qu'on entoure de filin goudronné.

On place ensuite ce câble dans des tubes de fonte de fer pour les villes, et des tuyaux de bois créosoté dans la campagne, qui sont enfouis dans la terre, à un mètre au moins dans les rues ou au passage des routes, et, à une moindre profondeur, là où ils ne sont pas exposés à des écrasements par le passage des voitures.

On a essayé de placer tout simplement des fils de fer dans des blocs de bitume qu'on coulait sur place ; une expérience assez étendue, faite par l'administration des lignes télégraphiques, a donné des résultats très-peu satisfaisants ; presque tous les fils ainsi enfouis ont cessé de fonctionner. Les lignes construites avec le fil recouvert de gutta-percha sont beaucoup meilleures ; cependant elles se détériorent peu à peu, et, au bout de cinq à six ans au plus, elles sont hors de service ; en effet, la gutta-percha, inaltérable dans l'eau, s'altère à l'air et même sous terre ; elle se désagrége, devient perméable à l'eau, et le fil communique alors directement avec le sol.

On a construit des lignes souterraines composées de plusieurs fils de cuivre recouverts de gutta-percha, entourés ensemble d'un ruban goudronné et placés dans des tubes de plomb enfouis dans la terre.

Dans ces conditions, la gutta-percha paraît ne pas devoir s'altérer ; aussi peut-on s'étonner de ce que ces câbles recouverts de plomb n'ont donné que des résultats peu satisfaisants.

III

LIGNES SOUS-MARINES

105 — Les premières lignes sous-marines étaient de simples conducteurs en cuivre, isolés par une ou plusieurs enveloppes de gutta-percha; jetées dans la mer sans protection, elles se rompirent presque immédiatement, et on sentit le besoin de donner une protection efficace à ces fils. On entoura la gutta-percha d'une couche épaisse de filin goudronné, maintenue et protégée elle-même par des fils de fer d'assez gros diamètre et légèrement tordus, comme les brins extérieurs d'un câble ordinaire, l'âme du câble étant formée par le fil de cuivre recouvert de gutta-percha et de filin goudronné (fig. 71, *a* et *b*).

On a fabriqué beaucoup de câbles télégraphiques sous-marins de ce genre, contenant plusieurs fils conducteurs isolés les uns des autres ; trois, quatre ou six, par exemple. Dans ces derniers temps on a pris le parti, pour les câbles longs, de ne mettre qu'un seul conducteur.

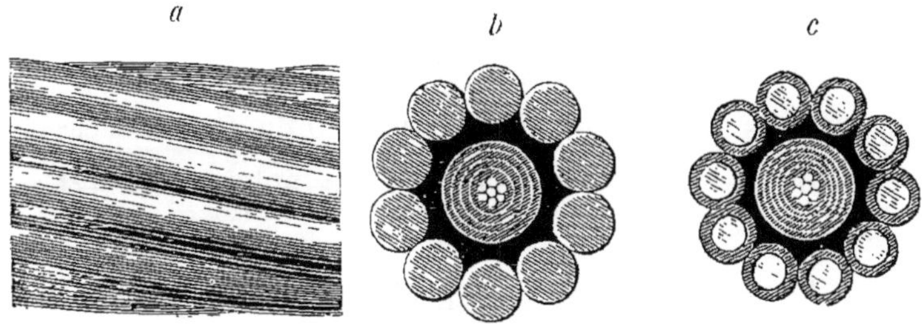

Fig. 71.

Les figures ci-jointes représentent en vraie grandeur le câble de Port-Vendres, à Alger (fig. 71, *a*, *b* et *c*), appartenant au gouvernement français, et celui de la ligne de Malte à Alexandrie d'Égypte, (fig. 72, *d*, *e*, *f*) appartenant au gouvernement anglais, composé de trois lignes distinctes : de Malte à Tripoli, de Tripoli à Benghazi et de Benghazi à Alexandrie.

Le premier se compose de deux câbles différents. Les parties qui sont dans le voisinage des côtes et dans de petites profondeurs sont très-fortement protégées pour résister aux agitations de la mer et aux causes de destruction nombreuses auxquelles elles sont exposées (fig. *b*); celles qui sont dans les grandes profondeurs ont besoin d'une moindre protection (fig. *c*); l'enveloppe protectrice est formée du même nombre de fils sur toute l'étendue du câble, mais, pour la partie des eaux profondes,. ces fils sont plus fins et recouverts chacun séparément d'une enveloppe de filin goudronné.

Le conducteur est unique, mais, pour lui donner plus de souplesse, on l'a composé de sept fils de cuivre distincts et réunis en faisceau; il est recouvert de quatre enveloppes de gutta-percha qui sont appliquées successivement et qui assurent l'isolement autant qu'il est possible.

Le fil conducteur et ses enveloppes sont les mêmes dans toute l'étendue du câble, et l'enveloppe protectrice diffère seule; entre la gutta-percha et les fils de fer protecteurs est placée, comme le montrent les figures, la couche de filin goudronnée dont nous avons parlé.

La fabrication et la pose de ce câble, d'une longueur à vol d'oiseau de 760 kilomètres, ont été entreprises par MM. Glass Elliott et Cie, à raison de 1,900,000 fr., soit 2,500 fr. le kilomètre.

Les trois lignes qui réunissent Malte à Alexandrie ont été également fabriquées et posées par MM. Glass Elliott et Cie [1], à l'obligeance desquels nous devons les échantillons que nous avons figurés ici.

Ces lignes sont formées de trois câbles distincts,

---

[1] MM. Glass Elliott ont même entrepris l'exploitation de cette ligne.

le plus fort (fig. 72, *d*) est réservé aux côtes; le second (fig. 72, *e*) aux moyennes profondeurs; le moins gros (fig. 72, *f*) aux eaux profondes, qu'on raboute pendant la pose suivant les indications de la sonde.

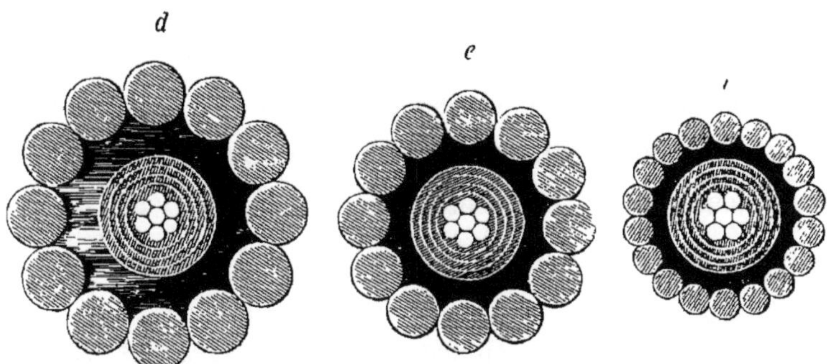

Fig. 72.

Le conducteur de cuivre est formé, comme celui du câble de l'Algérie, de sept fils distincts, mais beaucoup plus gros, ce dont l'avantage est facile à comprendre; d'ailleurs la composition de ce câble diffère à peine de celle de l'autre; le fil de cuivre est recouvert de quatre enveloppes de gutta-percha, d'une couche épaisse de filin goudronné et enfin de fils de fer protecteurs; ceux-ci ont été laissés nus, on ne les a pas recouverts de filin goudronné, et on ne les a pas même galvanisés, l'expérience ayant démontré le peu d'avantage de cette précaution, qu'on ne négligeait jamais dans les anciens câbles

106. — On a cru autrefois que les lignes sous-marines n'exigeraient aucun frais d'entretien ; mais il est aujourd'hui démontré que les câbles se rompent très-souvent par accident, même avant que leur pose soit achevée, et que, de plus, ils s'usent avec le temps, c'est-à-dire que l'enveloppe protectrice de fils de fer se dissout à la longue dans l'eau de mer, d'où il résulte que la gutta-percha, mise à nu, se coupe ou se détruit.

Les lignes sous-marines courtes sont placées en général dans des eaux peu profondes, et on donne à leur enveloppe protectrice une très-grande solidité ; quand elles se brisent, on les relève, on remplace les parties détériorées, et on les replace sans de très-grandes difficultés.

Les lignes sous-marines d'une grande longueur, au contraire, ne peuvent pas, dans les grandes profondeurs, être relevées ni par conséquent réparées. Aussi presque toutes celles qui ont été posées ont été perdues successivement ; les câbles longs qui fonctionnent aujourd'hui et qui ont été fabriqués avec le plus grand soin, ne sont posés que depuis fort peu de temps, et rien ne garantit qu'ils dureront beaucoup plus que les autres.

Les *Annales télégraphiques* ont publié, dans leur numéro de septembre-octobre 1861, un document très-intéressant ; c'est le rapport fait au gouvernement anglais sur la question des câbles sous-marins par un comité composé de savants distingués et d'ingénieurs habiles.

Il résulte de cette enquête que, sur 18,884 kilomètres de câbles immergés, 14,000 sont hors de service, dont une très-petite partie a pu être relevée, et 4,800 fonctionnent encore.

Depuis la publication de ce rapport, des lignes sous-marines assez importantes ont été posées :

1° Celle de Port-Vendres à Mahon, rattachée à celle de Mahon à Alger, et formant avec elle une ligne d'une seule portée;

2° Celle de Toulon à Ajaccio;

3° Celle de Malte à Alexandrie, dont nous avons déjà parlé.

D'un autre côté, des lignes fort longues ont cessé de fonctionner :

1° De Singapour à Batavia (880 kilomètres);

2° Des Dardanelles à Chio;

3° De Chio à Candie.

107. — Nous avons dit (n°ˢ 48 et 92) que la propagation de l'électricité est moins rapide dans les conducteurs sous-marins que dans les fils aériens; il en résulte une transmission plus lente des dépêches, surtout dans les câbles de grande longueur.

Ce ralentissement est dû au voisinage très-rapproché du conducteur et de l'énorme masse conductrice de l'eau de mer; il paraît infiniment probable que l'armature de fer qui entoure le câble étant en communication immédiate avec l'eau de mer, augmente considérablement par sa parfaite conductibilité le retard de la propagation de l'électricité.

Dans la plus grande partie du câble de Port-Vendres à Alger, les fils de fer sont recouverts de filin goudronné et par conséquent à peu près isolés de l'eau de mer; c'est sans doute à cette circonstance qu'est due la rapidité très-grande de la propagation sur cette longue ligne (850 kilomètres), et par suite la facilité de la transmission des dépêches.

Au point de vue électrique, les lignes sous-marines ont un autre inconvénient; il s'y produit fréquemment des courants qu'on appelle *courants naturels* et qui tiennent à différentes causes très-imparfaitement connues; ces courants gênent ou même arrêtent assez souvent la transmission des dépêches. Ces effets se produisent quelquefois aussi, à la vérité, sur les lignes aériennes, mais avec une intensité beaucoup moindre.

108. — De l'ensemble de ces faits on est obligé de tirer la conclusion suivante : l'emploi des lignes sous-marines doit être restreint aux cas où elles ne peuvent être évitées, et on doit, tant pour réduire les dépenses que pour assurer les communications, leur donner le moins de longueur possible.

QUATRIÈME PARTIE

APPLICATIONS DIVERSES DE L'ÉLECTRICITÉ

I

HORLOGERIE ÉLECTRIQUE

Un système de pendules électriques se compose toujours d'un régulateur, qui est une pièce d'horlogerie ordinaire, munie d'un balancier, et d'un nombre plus ou moins grand de compteurs ou pendules électriques, qui répètent l'heure donnée par le régulateur. Un fil conducteur relie tous ces appareils, et une pile d'un nombre d'éléments proportionnels à celui des pendules

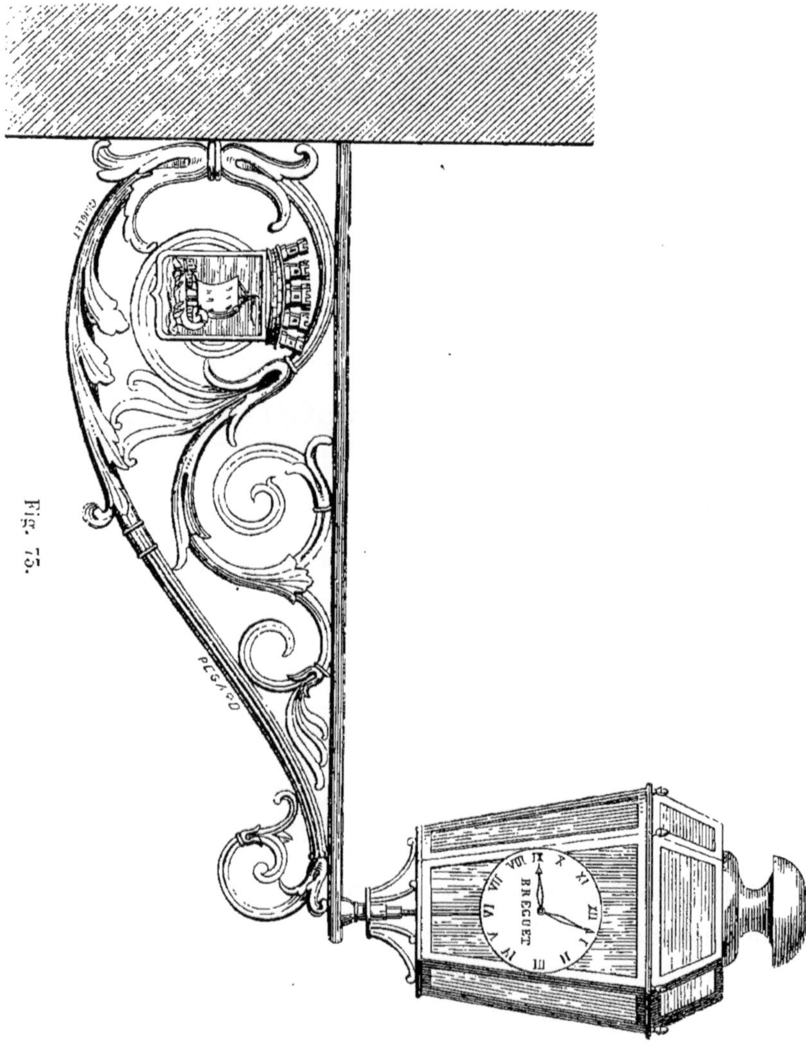

Fig. 75.

fournit un courant, qui est successivement envoyé et interrompu dans le circuit des pendules par un mécanisme fort simple contenu dans le régulateur.

Le régulateur est une sorte de manipulateur, et les pendules sont des récepteurs correspondants.

Un grand nombre de moyens ont été proposés pour produire cet accord d'un grand nombre de cadrans par l'électricité; très-peu d'entre eux ont donné des résultats satisfaisants.

Nous décrirons la disposition que nous avons adoptée à Lyon, où vingt-quatre horloges, placées dans les lanternes à gaz de la rue (fig. 75), et conduites par un régulateur installé à la Préfecture, fonctionnent, depuis plusieurs années, d'une manière très-satisfaisante.

Dix pendules du même système, installées dans une maison de la même ville, n'ont jamais eu besoin d'être remises à l'heure depuis trois ans.

Nous avons également placé neuf pendules de ce genre, en juillet 1859, au poste central de l'Administration des télégraphes, où elles n'ont pas cessé de marcher parfaitement.

SYSTÈME A INVERSEMENT

Pendule ou compteur électrique.

109. — Cet instrument est représenté par la fig. 74, qui montre le mécanisme et par conséquent le derrière du cadran, qui est ici transparent, et disposé pour être placé dans une lanterne à gaz.

Le courant passe successivement dans les deux électro-aimants E, E', de telle façon que leurs pôles de noms contraires se trouvent opposés. Entre les deux électro-aimants est placée l'armature AA, qui est en acier et aimantée; on la fait d'une dimension un peu grande, pour qu'elle ait plus de force magnétique. On comprend aisément que l'un de ses pôles, placé entre deux pôles contraires des électro-aimants E, E', sera attiré par l'un d'eux et repoussé par l'autre; sur le second pôle de l'armature agiront de la même façon les deux autres pôles des électro-aimants. Si le courant circulant dans les bobines vient à changer de sens, les attractions se changeront en répulsions et inversement les répulsions en attractions, de telle sorte que l'armature portée par les vis v basculera et entraînera avec elle la longue tige l terminée par une fourchette; dans cette fourchette pénètre une goupille portée par la pièce i

mobile autour de sa partie supérieure ; la goupille entraîne dans son mouvement la pièce i et une pièce i'

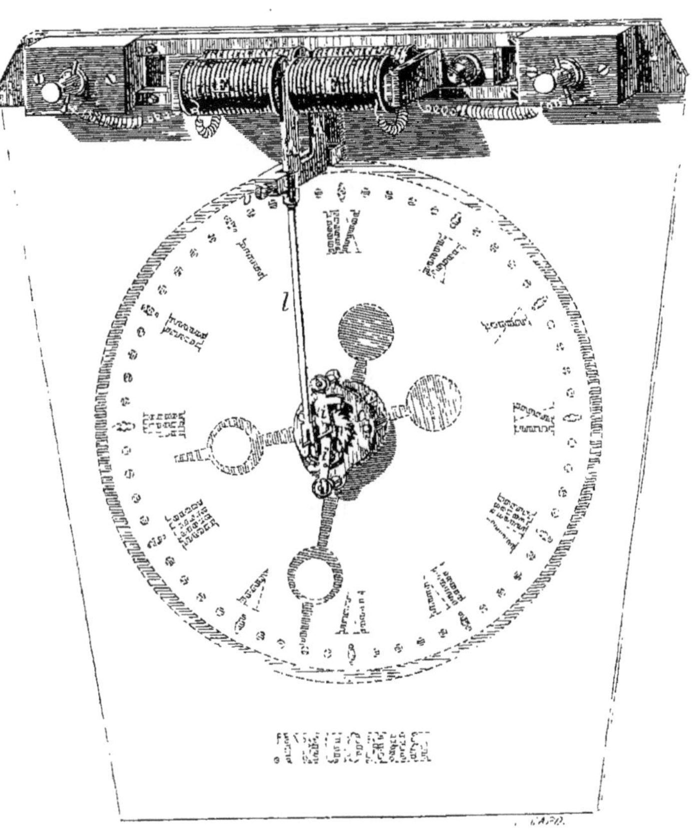

Fig. 74.

tout à fait symétrique, dont chacune porte un petit cliquet agissant sur une roue à rochet r, dont l'axe porte
l'aiguille des minutes.

Les deux cliquets agissent l'un après l'autre; mais celui qui n'agit pas amène un arrêt dans l'une des dents de la roue à rochet, et l'empêche ainsi d'avancer de plus d'une dent par la secousse de la tige l, qui lui est transmise par le premier cliquet.

Le rochet a soixante dents, de sorte que si le courant est envoyé à chaque minute et chaque fois en sens inverse, l'aiguille parcourra tout le cadran en une heure. Entre les deux platines cc est placée une minuterie, c'est-à-dire un système de trois roues dentées transmettant le mouvement à l'aiguille des heures.

Ces pendules, comme la plupart des pendules-compteurs électriques, n'ont pas besoin d'être remontées; l'entretien de la pile et la marche du régulateur suffisent à les faire fonctionner indéfiniment.

Quand on veut faire des horloges de grande dimension sur ce principe, on est obligé de faire usage d'un artifice particulier; on comprend, en effet, que la force de l'aimantation ne suffirait pas à conduire de grandes aiguilles.

On introduit dans l'appareil un rouage qui se remonte comme celui d'une horloge ordinaire. Ce rouage, comme celui du récepteur alphabétique, pousse constamment les aiguilles en avant, et les électro-aimants n'ont d'autre mission que de conduire un échappement à palettes ordinaire, qui de minute en minute dégage le rouage et permet aux aiguilles d'avancer.

Une précaution indispensable avec ces pendules consiste à placer un verre devant les aiguilles, quand le cadran est en plein air; il arrive souvent, en effet, faute de cette protection, que les aiguilles reculent sous l'action du vent.

Régulateur électrique.

110. — On voit que la fonction du régulateur est simplement d'envoyer de minute en minute un courant, chaque fois inversé; c'est ce qu'on obtient par un inverseur circulaire, placé sur une roue faisant un tour en cinq minutes.

La disposition est telle que le courant est maintenu pendant quatre ou cinq secondes, afin que la fonction des électro-aimants se fasse bien sûrement; il est interrompu ensuite pendant cinquante-cinq secondes pour éviter une trop grande dépense de la pile.

Il convient d'employer comme régulateur une très-bonne pendule; nous préférons des pendules à balancier de sapin d'un mètre, battant la seconde par conséquent, et qui, sans être d'un prix très-élevé, ont une marche très-satisfaisante et indépendante des variations de température.

Pour obtenir la marche régulière de tout le système, il suffit, comme nous l'avons fait comprendre, d'entretenir la pile, et de remonter le régulateur tous les quinze jours ou tous les mois, suivant sa construction.

Avantages de ce système.

111. —Le principal avantage que présente ce système sur tous ceux qui ont été proposés consiste dans la suppression du ressort antagoniste à l'aimantation, dont l'emploi dans les horloges a le plus grand inconvénient. Ce ressort, en effet, est exposé à des changements de température souvent considérables dans une même journée, desquels il résulte des variations correspondantes dans sa force; si donc à une température donnée très-élevée le ressort a une énergie convenable pour faire marcher la pendule, à une autre température plus basse la force du ressort sera plus grande que celle de l'aimantation, et le jeu de l'appareil ne se fera pas régulièrement; d'où résulteront des retards dans la marche des aiguilles et dans l'heure indiquée.

Pour faire marcher des pendules du système que nous venons de décrire, il faut employer environ deux fois autant d'éléments de pile qu'il y a de pendules dans le circuit; mais, quand on en a un très-grand nombre à conduire, on peut les distribuer en deux circuits complétement distincts, dans lesquels le même régulateur envoie successivement le courant d'une pile; on pourrait de la même façon distribuer les pendules en trois ou quatre circuits, et réduire ainsi le nombre des éléments au tiers et au quart de ce qu'il devrait être sans cette combinaison.

Description de l'inverseur.

112. — Quand, par une cause ou une autre, les pendules ont pris du retard, on peut les remettre à l'heure au moyen d'un appareil appelé *inverseur* (fig. 75), qui a d'ailleurs beaucoup d'autres applications. Ce petit instrument a pour objet, comme son nom l'indique, d'inverser le courant, c'est-à-dire de l'envoyer sur la ligne, tantôt par le pôle cuivre, tantôt par le pôle zinc.

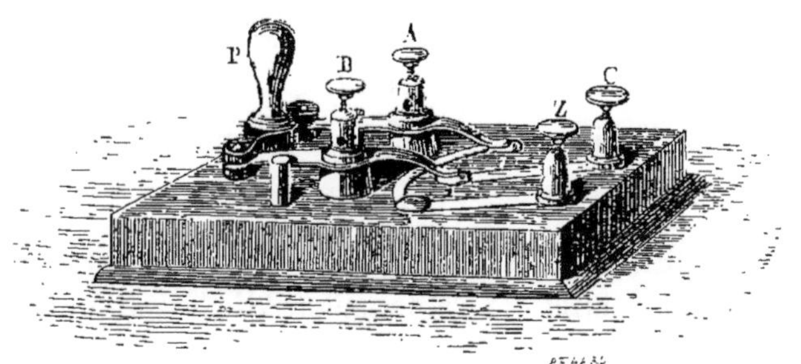

Fig. 75.

Les pôles de la pile sont réunis aux boutons C et Z ; un double commutateur se manœuvre par la poignée P.

13.

S'il est dans la position figurée, sur les touches 1 et 2, le courant marche sur la ligne de B en A; s'il est dans la position opposée sur 2 et 3, le courant marche sur la ligne de A en B, c'est-à-dire en sens inverse.

SYSTÈME DE LA REMISE A L'HEURE

113. — Nous avons proposé, il y a quelques années, un système très-différent du précédent. (Voir *Comptes rendus* de l'Acad. des sciences, tome XLV, séance du 23 novembre 1857.)

Au lieu de conduire par l'électricité de minute en minute ou même de seconde en seconde, comme on l'a fait souvent, des pendules répétant l'heure du régulateur, nous nous sommes proposé de remettre simplement à l'heure, à midi et à minuit, des pendules ordinaires à balancier et à mouvement d'horlogerie.

Le régulateur produit un envoi de courant à 12 h. qui a pour effet de ramener à XII les aiguilles des différentes pendules si elles ont un peu avancé ou retardé.

Le principal inconvénient des pendules électriques proprement dites, est celui-ci : elles sont exposées à s'arrêter toutes à la fois, si le régulateur s'arrête, si le fil conducteur se rompt, si la pile cesse de fonctionner; de plus, la fonction de l'électricité venant à manquer une seule fois, produit un retard qui se maintient aussi longtemps qu'on ne vient pas le corriger à la main; le système de la remise à l'heure ne présente pas ces inconvénients, chaque pendule marche indépendamment des autres et du régulateur, et si la fonction de l'électricité manque une fois dans une pendule, le retard ou l'avance se corrige douze heures après.

114. — La figure 76 représente l'intérieur d'une de nos *pendules remises à l'heure.*

Le mouvement se compose de deux rouages; l'un est réglé par le balancier B B B et conduit les aiguilles en temps ordinaire; l'autre ne sert qu'à la remise à l'heure électrique dont nous allons décrire le mécanisme.

Le chaperon C et la roue R font partie de ce second rouage; quand le courant vient à passer dans l'électro-aimant E, il attire l'armature A qui pivote autour des vis v, la tige $t\,t$ de l'armature porte à sa partie supérieure une goupille qui entre dans la fourchette f, montée sur le même axe que l'arrêt a et le couteau c; ces trois pièces se trouvent ainsi entraînées dans le mouvement de l'armature, et l'arrêt a cessant de retenir le rouage par la goupille de la roue r, il se met en marche et ne s'arrête que quand le chaperon a fait un tour entier et que le couteau rentrant dans l'encoche du chaperon, la pièce *a* peut arrêter le rouage par la goupille de la roue *r*.

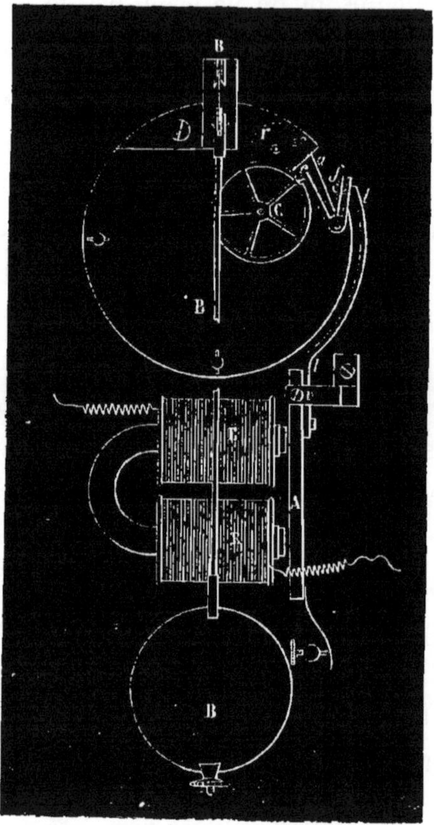

Fig. 76.

Les deux roues *m*, *n* (fig. 77), font également partie du rouage de remise à l'heure; elles portent chacune un galet *u*; ces deux galets, quand le rouage est dé-

clanché, viennent saisir la queue x qui est invariable-
ment liée à l'aiguille des minutes et l'amènent dans la

Fig. 77.

position ponctuée; l'aiguille des minutes est ainsi
amenée dans la position verticale et la pendule se
trouve remise à l'heure.

115. — Tout récemment nous avons trouvé le moyen
d'utiliser, comme rouage de remise à l'heure, le rouage
de la sonnerie des pendules ordinaires; il suffit, pour
cela, d'un très-petit changement aux mouvements du
commerce et, moyennant une légère augmentation de
prix, la pendule remise à l'heure sonne comme une
pendule ordinaire.

Nous allons appliquer ce système à cinq cents pendules placées dans un même bâtiment; une expérience
faite sur une aussi grande échelle permettra de juger
de la valeur de notre *Système de remise à l'heure*.

II

SIGNAUX ÉLECTRIQUES DIVERS POUR LES CHEMINS DE FER

Disques à sonnerie électrique [1].

116. — Les disques ou signaux fixes des chemins de fer ont pour objet de couvrir les deux voies principales d'une gare, c'est-à-dire d'arrêter un train qui approcherait de cette gare. On doit se mettre sous la protection de ces disques tournés à l'arrêt, toutes les fois que ces voies sont embarrassées par une cause quelconque,

[1] Ce système a été imaginé par M. Poirée, alors chef d'exploitation du chemin de fer de Paris à Lyon, et appliqué pour la première fois sur cette ligne. M. Jousselin, ingénieur de la même Compagnie, en a donné une description complète accompagnée d'une planche, dans le journal l'*Ingénieur* (décembre 1857). Nous reproduisons presque textuellement une partie de cet article.

manœuvre ou accident, ou que le laps de temps réglementaire ne s'est pas écoulé depuis le départ du dernier train. La plupart des collisions qu'on a à regretter
tiennent à ce que ces appareils ont été mal manœuvrés
ou ont mal fonctionné; il peut arriver, en effet, soit
par un abaissement insuffisant de la lentille du levier,
soit par la dilatation du fil de manœuvre, soit encore
par sa rupture, que le disque ne fasse pas le quart de
révolution qu'il doit faire, et le chef de gare, auquel
souvent un pli de terrain, des bâtiments ou des wagons
cachent le signal fixe, croit sa voie couverte et est en
pleine sécurité.

Pour prévenir les dangers que peut amener cette
fausse sécurité, on a imaginé de faire tinter une sonnerie trembleuse pendant tout le temps que le disque
est tourné à l'arrêt; ce tintement donne au chef de gare
la certitude que la voie est couverte; de plus, si par
hasard on oublie de remettre le disque à la voie libre,
après le temps réglementaire, le même tintement le lui
rappelle.

La sonnerie est près du levier de manœuvre, elle est
reliée à une pile Daniell et à un fil conducteur suspendu
aux poteaux de la ligne télégraphique qui aboutit à un
commutateur, placé sur l'axe du signal fixe; la terre
sert de fil de retour; le commutateur est fermé, et le
circuit complet quand le disque est complétement
tourné à l'arrêt.

Le système d'avertisseur ou répétiteur du disque a été successivement adopté par la plupart des chemins de fer français.

Pour diminuer autant que possible les frais d'établissement de ces appareils, M. Lestelle, ingénieur des chemins de fer de l'Est, a eu l'idée de prendre pour fil conducteur, le fil même de manœuvre du disque.

Disque répétiteur.

117. — Quelques ingénieurs ont préféré à la sonnerie que nous venons de décrire un petit appareil contenant un électro-aimant et un rouage qui peut faire tourner un disque de dix ou quinze centimètres de diamètre dont les faces sont peintes l'une en rouge, l'autre en blanc comme celles du signal fixe de la voie. Quand le signal fixe est à l'arrêt, un commutateur ferme le circuit électrique d'une pile qui traverse l'électro-aimant; et le rouage présente à la gare la face rouge du petit disque; quand au contraire le commutateur du signal fixe est ouvert, le petit disque présente sa face blanche.

Ce système est en usage sur le chemin de fer d'Orsay.

Sonnerie appliquée aux trains.

118. — La compagnie du chemin de fer d'Orléans s'est proposé autrefois d'employer des sonneries électriques à la transmission de signaux de l'arrière à l'avant d'un train en marche. Pour cet objet, on employa des sonneries à rouage qui présentaient l'inconvénient de se mettre quelquefois en marche par une simple secousse reçue par le wagon où elle était placée; c'est ce qui n'aurait pas eu lieu avec des sonneries trembleuses qui lorsqu'elles sont traversées par le courant, font entendre un roulement que ne produirait pas une secousse du wagon.

Une pile était placée près de la sonnerie, un double conducteur allait de l'avant du train, c'est-à-dire de la sonnerie, à l'arrière, où un commutateur placé dans le fourgon, près du chef de train, lui permettait d'appeler l'attention du mécanicien.

Les fils conducteurs étaient fixés sous les wagons et se reliaient d'un wagon à l'autre d'une manière simple et sûre; leur soudure se faisait en même temps que l'attelage et en un instant.

De nouveaux essais faits avec la sonnerie trembleuse paraissent avoir donné des résultats satisfaisants.

Avertisseur du niveau de l'eau dans les cuves d'alimentation.

119. — Il arrive souvent que la cuve d'alimentation des locomotives est placée fort loin de la rivière ou du puits le plus voisin et près desquels on place la machine à vapeur qui envoie l'eau dans la cuve par de longs tuyaux placés sous terre.

La cuve, une fois pleine, l'eau déborde pendant tout le temps qu'on met à aller à la machine faire cesser l'envoi de l'eau.

Ce débordement amène des détériorations qu'il importe d'éviter; on y parvient de la manière la plus simple : au moyen d'un fil télégraphique partant d'une sonnerie et d'une pile placées à la machine et arrivant jusqu'au bord supérieur de la cuve, dans laquelle il est introduit jusqu'au niveau que l'eau ne doit pas dépasser.

Aussitôt que le niveau de l'eau atteint le bout du fil, le circuit électrique est complété par l'eau, le fond métallique de la cuve et la terre, la trembleuse commence à tinter et le mécanicien, prévenu, arrête la machine

Le premier appareil de ce genre a été placé au Mans, en 1853, sur la demande de M. Elphége Baude, ingénieur de la compagnie de l'Ouest.

III

APPLICATIONS DIVERSES

Avertisseur électrique appliqué aux manomètres.

120. — Il arrive souvent que dans les ateliers de tout genre qui emploient des machines à vapeur, les mécaniciens dépassent la pression assignée comme maximum par les règlements. On comprend quels accidents en peuvent résulter; pour empêcher cet abus, il suffit de placer sur le cadran du manomètre une petite cheville que l'aiguille vient toucher quand la pression devient trop grande; ce contact ferme le circuit d'une sonnerie électrique qu'on peut placer dans le bureau du directeur et qui l'avertit quand son mécanicien est en défaut.

Sonneries électriques appliquées à l'usage domestique.

Depuis cinq ou six ans, les sonneries électriques, dès longtemps en usage en Amérique, ont été employées en France, dans des hôtels, des administrations et même des maisons particulières.

121. — Dans chacune des chambres on place un petit *bouton d'appel* (fig. 78), qui n'est qu'un simple commutateur destiné à fermer un circuit électrique.

Fig. 78.

La figure 79 montre la disposition intérieure que nous donnons à ce petit appareil.

Quand on appuie avec le doigt sur le bouton B qui est en saillie à l'extérieur, on comprime le ressort spiral $r\ r$ et on amène la tige t au contact du ressort plat A placé sur la face postérieure du bouton d'appel.

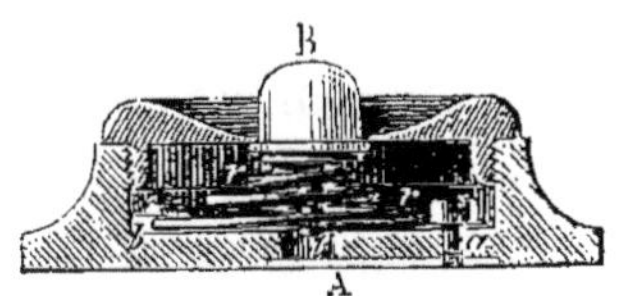

Fig. 79.

Les fils conducteurs du courant aboutissent aux vis a et b qui servent en même temps à fixer les ressorts A et $r\,r$.

Supposons, dans le circuit d'une pile de quatre à cinq éléments une sonnerie trembleuse (fig. 36, page 117), et un *bouton d'appel* comme celui que nous venons de décrire; il est clair que dès qu'on poussera le bouton B on fermera le circuit, et la sonnerie fera entendre un roulement qui durera tout le temps qu'on appuiera sur le bouton B. A la rigueur, deux éléments Daniell, de grandeur moyenne, suffiraient pour faire fonctionner la sonnerie.

Des boutons d'appel, placés dans plusieurs chambres, peuvent au moyen d'une seule pile faire marcher une ou plusieurs sonneries; on a soin de donner à ces différentes sonneries des timbres différents pour que le domestique puisse distinguer par quelle chambre il est appelé.

122. — Mais le plus souvent, pour avertir le domestique du numéro de la chambre qui l'a appelé, on fait usage d'*appareils indicateurs* en nombre égal à celui des chambres appelantes.

La figure 80 représente un de ces indicateurs. Quand le courant est envoyé dans l'électro-aimant E, l'armature

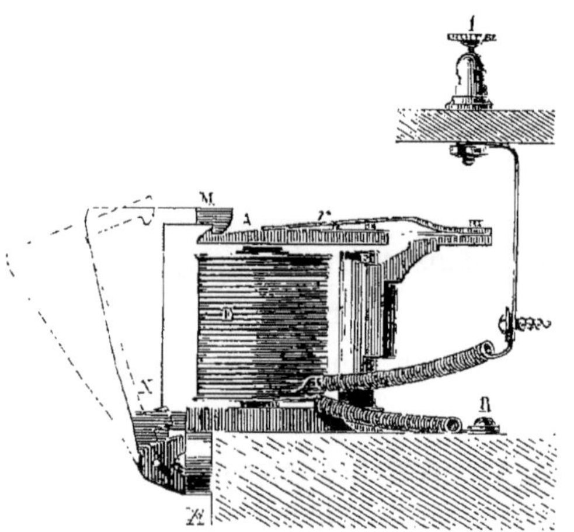

Fig. 80.

A est attirée, et la pièce M N tombe dans la position figurée en pointillé et, par conséquent, sort de la boîte qui la contient[1].

[1] On remarquera que l'électro-aimant E est ce qu'on appelle *boiteux*, c'est-à-dire qu'une seule des deux branches est armée d'une bobine. — Ces électro-aimants ont une force attractive

La figure 81 montre un appareil indicateur à cinq numéros dans son ensemble; dans la position figurée, il annonce que les chambres n°ˢ 1, 3 et 4 ont appelé.

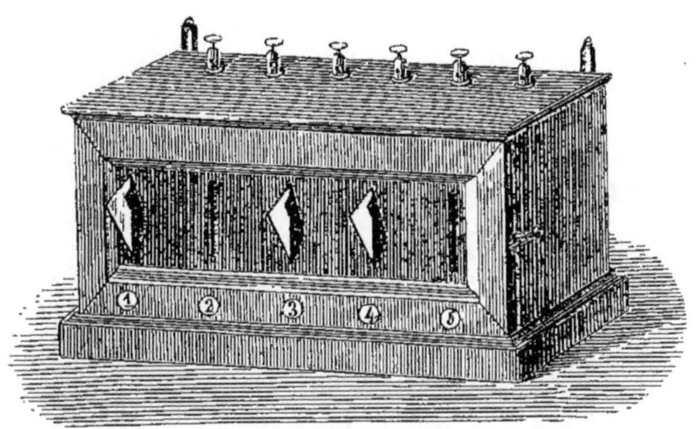

Fig. 81.

Il est clair que pour que l'appareil soit prêt à répéter les mêmes indications, il faut relever à la main les pièces M N, ce qu'on fait très-facilement en les poussant du doigt.

La figure 82 fait comprendre le montage d'un système complet de sonnettes électriques. Supposons que le bouton 2 soit poussé, le courant, dont la marche est indiquée par les flèches, traverse la sonnerie qu'il fait tinter, l'indicateur n° 2 dont il fait tomber la plaque

beaucoup plus considérable qu'on ne le croirait au premier abord.

M N, le bouton d'appel et revient à la pile par le fil R R qui sert pour tous les boutons d'appel et qu'on appelle *fil de retour* [1]. Ce fil peut être remplacé par un tuyau de

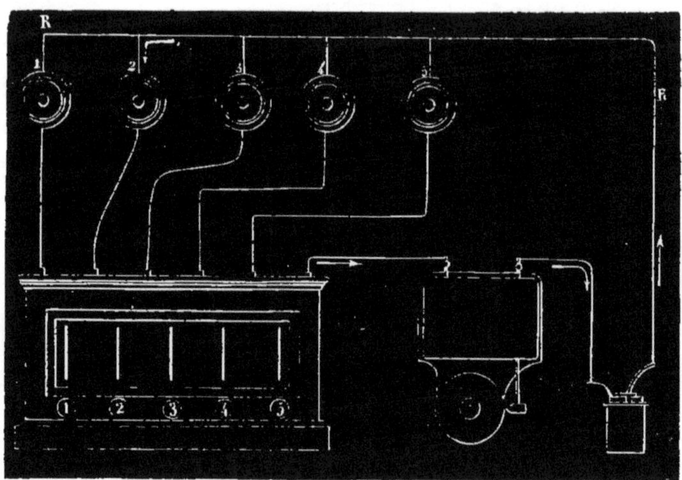

Fig. 82.

gaz ou d'eau qui fait la fonction de la terre dans les communications télégraphiques. La pile, la sonnerie et l'indicateur doivent être réunis autant que possible dans la même pièce, et on n'a, par conséquent, à poser qu'un

---

[1] Ce mode de montage n'est pas le seul qu'on puisse employer, mais il est le plus simple. On faisait fonctionner autrefois les indicateurs comme relais, et une pile spéciale mettait en branle la sonnerie; cette disposition a été abandonnée, comme présentant plus de complications et offrant plus de causes de dérangement.

nombre de fils égal au nombre des chambres contenant un bouton d'appel, plus un fil de retour, si on ne peut pas le remplacer comme nous venons de dire.

On voit que, quel que soit le nombre des chambres, on n'a besoin que d'une seule pile et d'une seule sonnerie, l'indicateur seul change. La pile devant faire fonctionner en même temps deux électro-aimants doit se composer de cinq ou six éléments Daniell; ce nombre même doit être augmenté si les distances sont grandes à cause des pertes qui se font par le défaut d'isolement parfait des fils; ceux qu'on emploie dans les maisons sont recouverts de coton ou de soie, mais ils sont appliqués sur des murs ou des tasseaux de bois plus ou moins humides et, par conséquent, conducteurs.

On peut cependant leur substituer des fils recouverts d'un enduit isolant de gutta-percha ou d'un vernis noir particulier moins altérable à l'air que la gutta-percha.

123. — Les inconvénients des sonnettes ordinaires sont bien connus; les fils de transmission de mouvement se rouillent, s'allongent et se raccourcissent de l'été à l'hiver et, pour ces raisons, cassent fréquemment; ils obligent de plus à faire d'assez gros trous dans les murs et sont fort désagréables à l'œil; tous ces inconvénients, enfin, augmentent beaucoup avec les distances; les fils des sonneries électriques, au contraire, sont fixes; on peut les employer très-fins et, par conséquent, les dissimuler complétement; ils sont, d'ailleurs, en cuivre et recouverts de soie ou de coton, de la couleur des pièces qu'ils ont à traverser.

Les frais de l'entretien des sonneries électriques se réduisent à ceux de la pile qui sont les mêmes (dix à quinze francs par an), quel que soit le nombre des boutons d'appel; enfin ces appareils fonctionnent également bien à toutes les distances, et leur prix est moins élevé que celui des sonnettes mécaniques, quand les distances sont grandes, à cause du prix moindre des fils.

Sonneries des cimetières.

124. — Quand on se propose de faire frapper un marteau très-lourd sur un timbre ou une cloche de grande dimension, on est obligé d'employer des dispositions particulières dont nous allons donner un exemple.

Le rouage destiné à soulever le marteau du timbre, étant très-fort, il serait très-difficile de le dégager, d'opérer le déclanchement, au moyen d'un simple électro-aimant; on est donc conduit à employer un organe intermédiaire, par exemple (fig. 83), une masse de laiton M de forme cylindrique et percée d'un trou dans le sens vertical; dans ce trou passe librement une

tige d'acier fixe, qui oblige la pièce M à ne se mouvoir
que dans la verticale. Au repos, la masse M est accro-
chée à l'extrémité R du bras de levier R O S ; quand le
passage du courant dans l'électro-aimant E fait basculer

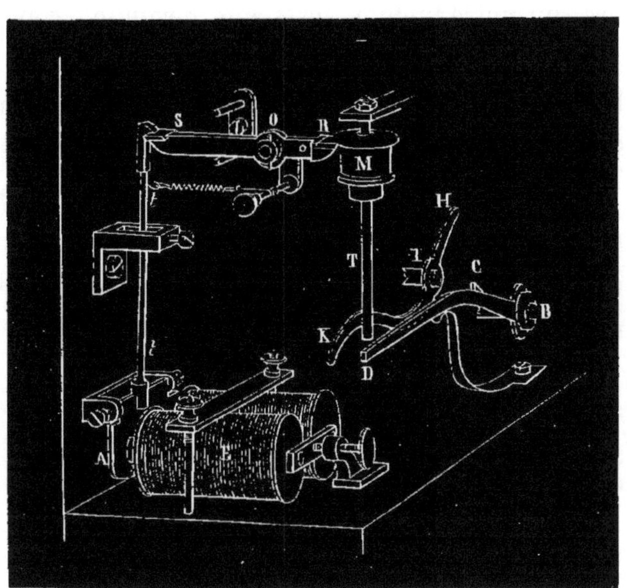

Fig. 85.

l'armature A et la tige *t*, le levier R O S est dégagé et
bascule aussi par le poids de la masse M qui tombe e
acquiert, dans une chute de neuf centimètres, une vitesse et par suite une force vive, suffisante pour opérer
le déclanchement du rouage qui se fait de la manière
suivante : La masse M tombe à l'extrémité D du levier

B C D qui est mobile autour du point D ; l'ergot C qui retient le rouage, faisant un petit mouvement de haut en bas, le laisse échapper.

Un des mobiles du rouage soulève le marteau et le laisse retomber un certain nombre de fois sur le timbre ; un autre mobile, après une révolution complète, soulève le levier H I K, qui pivote en I et dont la branche I K fait remonter la masse M au plus haut de sa course où elle reste suspendue par le levier R O S.

Nous avons appliqué cette disposition à deux sonneries de très-grande dimension qui sont placées au cimetière Montmartre, à Paris, et qui fonctionnent d'une manière complétement satisfaisante depuis 1854.

FIN.

TABLE

—

PREMIÈRE PARTIE

Introduction théorique à l'étude de la Télégraphie électrique.

14.

II. — PHÉNOMÈNES PRODUITS PAR LA PILE.

III. — PROPAGATION DE L'ÉLECTRICITÉ.

IV. — MESURE DES RÉSISTANCES.

V. — DES RÉSISTANCES.

VI. — MESURE DE L'INTENSITÉ DES COURANTS.

DEUXIÈME PARTIE

Description des Appareils télégraphiques.

I. — SYSTÈME ALPHABÉTIQUE DE BREGUET.

TROISIÈME PARTIE

Lignes télégraphiques.

I. — LIGNES AÉRIENNES.

II. — LIGNES SOUTERRAINES.

III. — LIGNES SOUS-MARINES.

QUATRIÈME PARTIE

Applications diverses de l'Électricité.

I. — HORLOGERIE ÉLECTRIQUE.

II. — SIGNAUX ÉLECTRIQUES DIVERS EMPLOYÉS SUR LES CHEMINS DE FER.

III. — APPLICATIONS DIVERSES.

PARIS. — IMP. SIMON RAÇON ET COMP., RUE D'ERFURTH, 1.

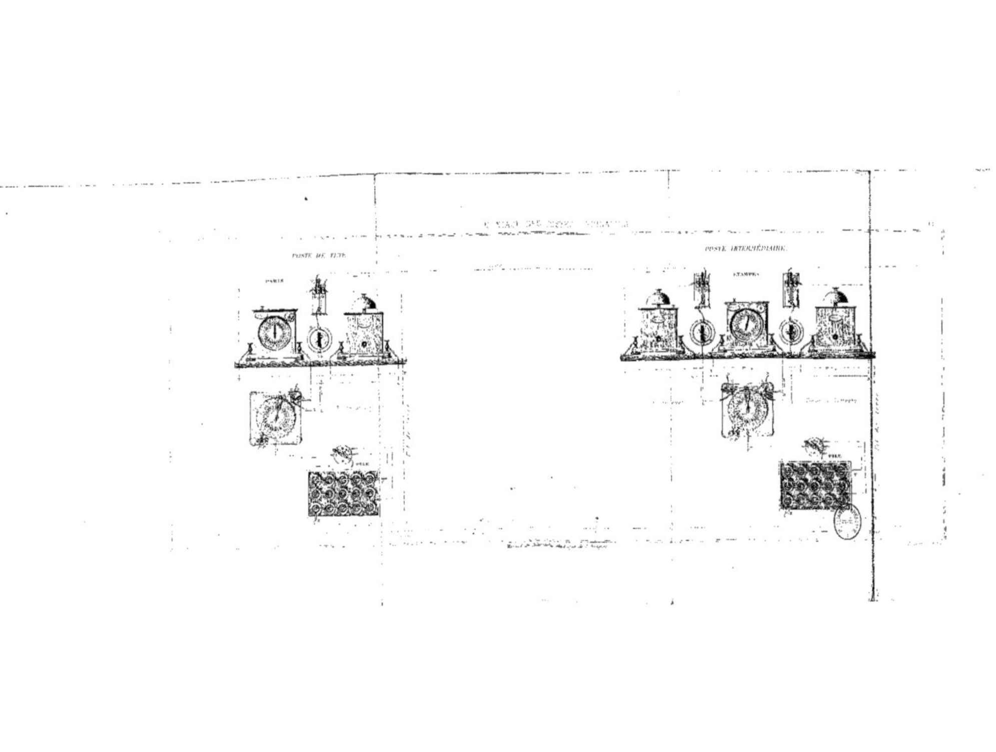

POSTE DE TÊTE.
PARIS
POSTE INTERMÉDIAIRE.
ÉTAMPES
PILE
PILE

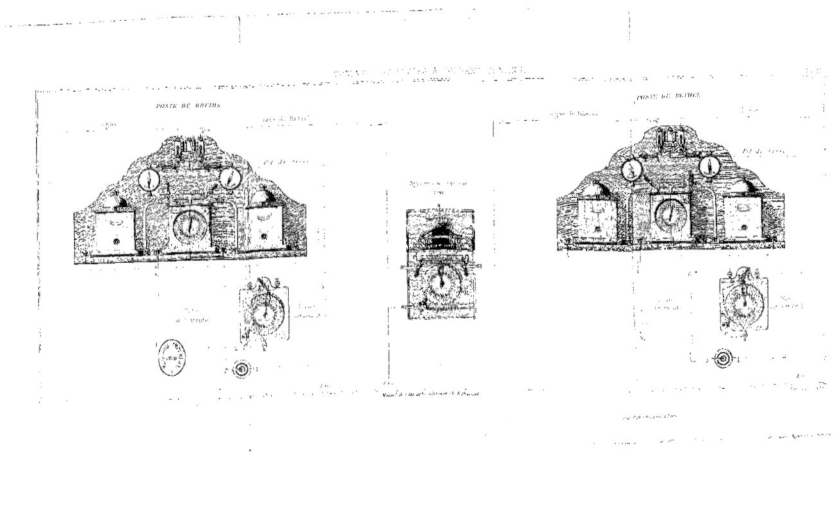

POSTE DE REIMS
POSTE DE BLAVOL

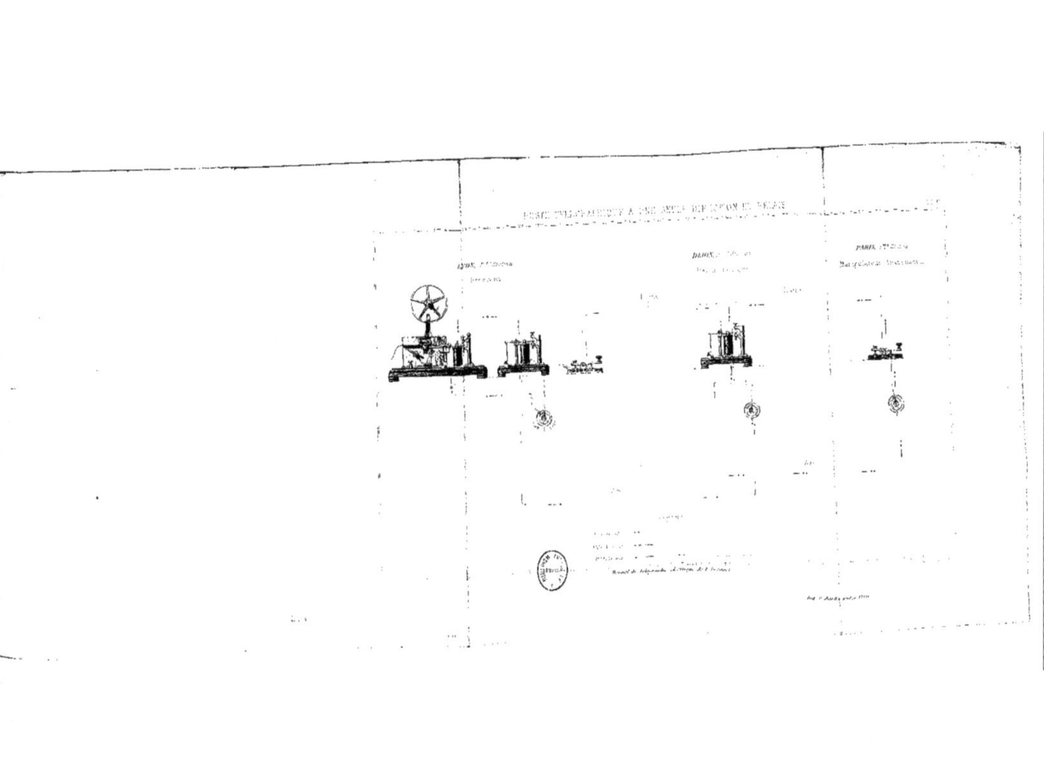

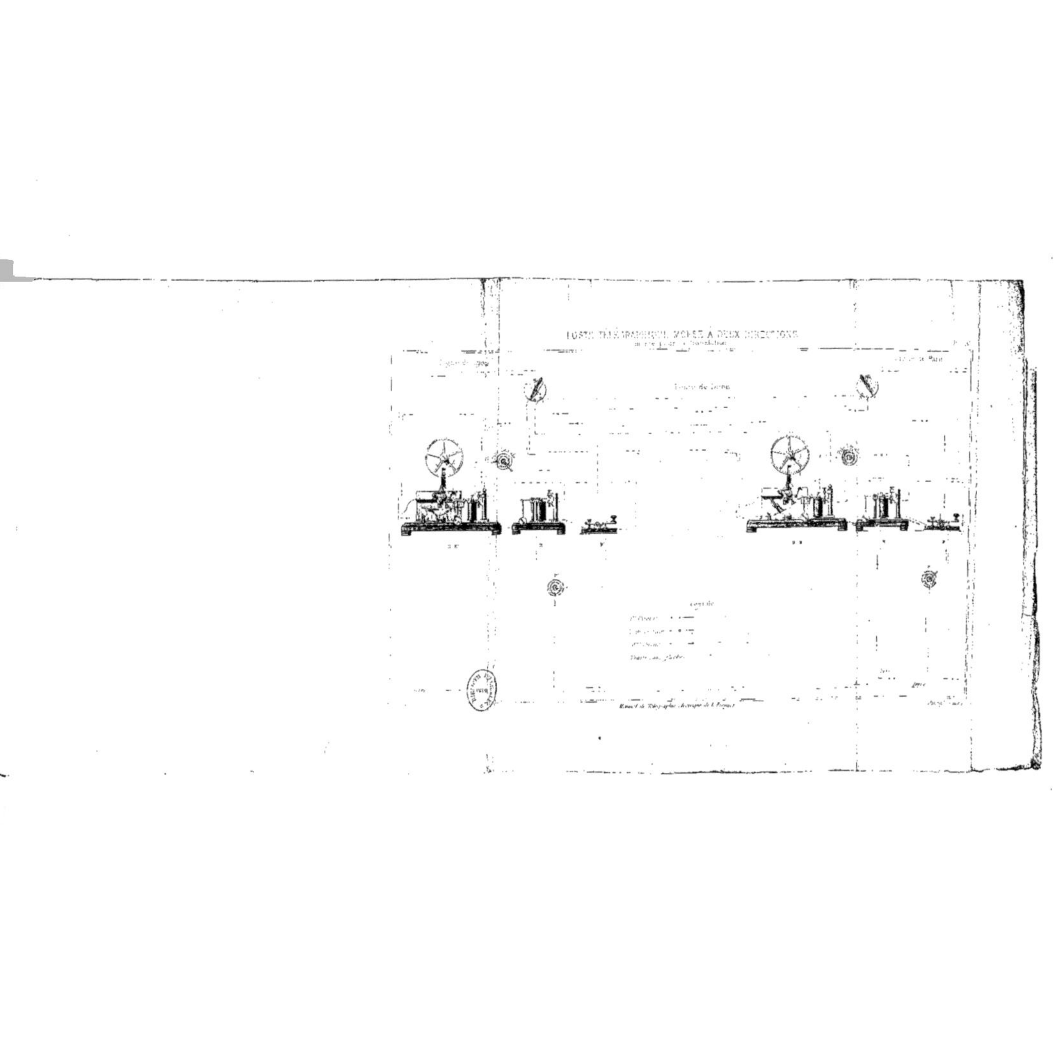

POSTE TÉLÉGRAPHIQUE MORSE A DEUX DIRECTIONS
Ligne de Lyon
Ligne de Paris
Manuel de Télégraphie électrique de E. Prévost